ARBEITSGEMEINSCHAFT FÜR FORSCHUNG
DES LANDES NORDRHEIN-WESTFALEN

45. Sitzung
am 15. September 1954
in Düsseldorf

ARBEITSGEMEINSCHAFT FÜR FORSCHUNG
DES LANDES NORDRHEIN-WESTFALEN

HEFT 45

*John von Neumann*
Entwicklung und Ausnutzung
neuerer mathematischer Maschinen

*Eduard Stiefel*
Rechenautomaten im Dienste der Technik

SPRINGER FACHMEDIEN WIESBADEN GMBH

ISBN 978-3-663-00492-9 ISBN 978-3-663-02405-7 (eBook)
DOI 10.1007/978-3-663-02405-7


Ursprünglich erschienen bei Westdeutscher Verlag, Köln und Opladen 1955

# INHALT

# Entwicklung und Ausnutzung neuerer mathematischer Maschinen

Professor Dr. *John von Neumann*, Princeton/USA

Ich werde über mathematische Maschinen, über schnelle Rechenmaschinen sprechen. Bevor ich mit dem eigentlichen Vortrag beginne, muß ich mich entschuldigen, denn die Objektivität meiner Darstellung wird etwas daran leiden, daß ich in dieser Kategorie in erster Linie durch diejenigen Objekte beeinflußt bin, die ich selber aus direkter Erfahrung kenne. Ich werde daher über die existierenden Typen von Maschinen, und dabei besonders über die sogenannten Ziffernmaschinen sprechen, weil ich mich hauptsächlich mit diesen beschäftigt habe. Außerdem werde ich fast ausschließlich über die Entwicklung in den Vereinigten Staaten sprechen, weil das die Entwicklung ist, die ich aus erster Hand kenne. Ich bitte Sie daher, die Korrekturen, die man an meiner Darstellung infolge dieser Umstände anbringen muß, selber hinzuzufügen. An einigen Stellen werde ich mich kürzer fassen als es der Gegenstand verdient, ich werde mich bemühen, dies jedesmal klar zu machen. Ich wiederhole: Was ich sagen werde, wird dadurch beeinflußt sein, daß die Ziffernmaschine und die Entwicklung in den Vereinigten Staaten in den letzten zehn Jahren die Dinge sind, die ich aus erster Hand, aus persönlicher Erfahrung kenne.

Wie Sie wissen, ist der Zweck einer Rechenmaschine lediglich, eine menschliche Tätigkeit, die man selbstverständlich auch ohne maschinelle Hilfe durchführen könnte, nämlich das Lösen von mathematischen Problemen durch Rechnen, zu beschleunigen. Vor allem muß man sich darüber im klaren sein, daß die Maschine absolut nichts tun wird, was ein Mensch nicht auch ohne Maschine tun könnte, nur wird sie es schneller oder genauer oder in irgendeiner anderen Weise zweckmäßiger tun. Es handelt sich dabei großenteils um das Auflösen von Problemen, die entweder aus der reinen Mathematik oder aus der angewandten Mathematik oder aus den angrenzenden Wissensgebieten – Physik, Chemie usw. – herrühren, wobei das Problem unter Umständen gar nicht ein Rechenproblem ist. Man sucht nach der Lösung einer partiellen Differentialgleichung, man sucht nach der Lösung einer Integralgleichung, man sucht nach einem Objekt, welches irgendwie durch die Angabe von gewissen Eigenschaften eindeutig bestimmt ist. Daher muß man die eigentliche Zielsetzung zunächst durch eine ziffernmäßige Rechnung ersetzen. Das ist etwas, was die Maschine nicht leisten wird. Also man muß sich vorher überlegt haben, wie das Problem, auf das es ankommt, in eine ziffernmäßige Rechnung zu übersetzen ist. Dies gilt absolut für Ziffernmaschinen. Es gilt auch für einige andere. Es gibt einige wenige Ausnahmen von dieser Regel, und ich werde sie gleich nennen. Aber im großen und ganzen, und gerade bei den heute wahrscheinlich wichtigsten Maschinentypen muß man zunächst auf irgendeine Weise zu einer Ziffernrechnung kommen. Damit hat die Maschine nichts zu tun. Das ist ein Teil der intellektuellen Vorbereitung, die mit den normalen Mitteln der Mathematik oder der angewandten Mathematik oder der mathematischen Physik durchgeführt werden muß. Wenn man einmal soweit ist, daß die Prozedur, die man durchführen will, bloß eine Wiederholung von Additionen, Subtraktionen, Multiplikationen und Divisionen ist – auch wenn es dabei auf eine enorme Zahl solcher Operationen hinauskommt – dann ist diese vorbereitende Phase zu Ende. Wenn dies erreicht ist, d. h., wenn es sich bloß noch um eine sehr umfangreiche arithmetische Prozedur handelt, dann kann die Mechanisierung der Rechnung nützlich eingreifen. Durch sie kann eine weitgehende Beschleunigung der Prozedur erreicht werden.

Die moderne Ziffernmaschine funktioniert nunmehr folgendermaßen: Nachdem die Arithmetisierung des Problems durchgeführt ist, wird die arithmetische Behandlung auf sehr beschleunigte Weise durchgeführt. Wenn man sagt, daß die Maschinen denken, lernen usw., so ist das symbolisch zu verstehen. Sie tun natürlich nur das, was man ihnen vorher ganz genau vorgekaut hat, und sie haben die weitere Eigentümlichkeit, daß sie alles das, was man ihnen mitteilt, absolut ernst und wörtlich nehmen, also tatsächlich das durchführen, was man ihnen vorgeschrieben hat, einschließlich der Druck- und Denkfehler. Ich wiederhole: Eine der Hauptschwierigkeiten im Operieren mit Maschinen ist, daß wirklich alles, was man sagt, wortwörtlich genommen wird, und daß man logische Fehler, wesentliche Denkfehler und einfache Übersichtsfehler, Druckfehler, mit einer absoluten Genauigkeit ausmerzen muß, auf einem ganz anderen Niveau der Strenge, als man es sonst gewohnt ist. Dieses Suchen nach Fehlern ist eine der entscheidenden Operationen. Bei einer gut organisierten Maschine kommt es häufig vor, daß das Ausmerzen der Fehler mehr Zeit in Anspruch nimmt als das gesamte Planen des Prozesses und das gesamte Durchführen der

Rechnung. Es ist durchaus möglich, daß in gewissen Phasen des Prozesses, wie er heute existiert oder in der Zukunft ausgebildet werden wird, das Beschleunigen der Fehlerbeseitigungsmethoden mindestens ebenso wichtig ist wie das Beschleunigen der Planungsmethoden und das Beschleunigen der Maschinen selber.

Bei den modernen Rechenmaschinen gibt es mehrere Typen. Vor allem gibt es zwei Haupttypen, die sogenannte Analogiemaschine und die sogenannte Ziffernmaschine. Analogiemaschinen beruhen darauf, daß man für fast jeden Rechenprozeß irgendein Naturphänomen finden kann, welches durch dieselben Gleichungen beherrscht wird wie die, die im Rechenprozeß vorliegen. Und wenn dies nicht direkt geht, so kann man es trotzdem indirekt erreichen, indem man im Sinne der üblichen analytischen und algebraischen Behandlungsweise den Gesamtprozeß in eine Sequenz von arithmetischen Operationen zerlegt. Die Integriermaschinen, die es seit fast 30 Jahren gibt, drücken Zahlen dadurch aus, daß ziemlich viele Räder und Achsen in der Maschine vorgesehen sind, die sich alle um verschiedene Zahlen von Graden drehen. Jede dieser repräsentiert irgendeine Zahl, die dem Prozeß, den man berechnen will, angehört, und die Zahl der Umdrehungen oder die Zahl der Grade, die die Umdrehung repräsentiert, ist, in geeigneten Einheiten, der Wert dieser Zahl. Man kann mit solchen Apparaten selbstverständlich Rechenoperationen durchführen. Man kann zwar direkt keine Summe bilden, aber das wohlbekannte Differentialgetriebe bildet die halbe Summe, das arithmetische Mittel, welches operativ im wesentlichen verwendbar ist wie die Summe. Man kann nicht direkt multiplizieren. Aber es gibt einfache Getriebewerke, die die Integration durchführen, und man kann durch Integration das Multiplizieren auf mehrere einfache Weisen nachahmen. Es gibt auch andere einfach mechanisierbare physikalische Prozesse, die die Grundoperation der Arithmetik nachahmen, und man kann durch geeignete Verknüpfungen solcher „Elementarprozesse" beliebig verwickelte algebraische „Gesamtprozesse" durchführen. Es gibt auch unmechanische Prozesse. Im letzten Jahrzehnt haben sich elektrische Analogiemaschinen durchgesetzt, bei denen man die Zahlen, die in der Rechnung vorkommen, durch Stromstärken oder Spannungen repräsentiert, und die Operationen, das Dividieren, Multiplizieren, Subtrahieren, Addieren auf elektrischem Wege nachbildet. Übrigens ist es auch heute nicht viel anders, als es vor 30 Jahren war, d. h. man kann mit solchen Methoden nur beschränkte Genauigkeiten erzielen. Man kann auf einer guten mechanischen Anlage Genauigkeiten von $1 : 10^4$ bis $1 : 10^5$ erreichen, während man bei der elektrischen Anlage, wenn ich nicht irre, normalerweise nur auf 1 : $10^2$ kommt und fast nie über 1 : $10^3$ hinauskommt. Man muß dabei bedenken, daß zwar bei den meisten Rechnungen das Endresultat nicht mit großer Genauigkeit verlangt wird, daß man zum Beispiel bei den meisten physikalischen und Ingenieurrechnungen mit (relativen) Genauigkeiten von 1 : $10^2$ oder höchstens 1 : $10^3$ zufrieden sein kann, und daß es bei vielen wichtigen Fragen überhaupt nur auf die Entscheidung zwischen „ja" oder „nein" (also sozusagen relative Genauigkeit 1 : 2!) ankommt. Aber man muß bedenken, daß bei einer langen Rechnung jede einzelne Elementaroperation einen eigenen Ungenauigkeitsbeitrag liefert, und daß sich diese Elementarbeiträge dann zu einer viel größeren Ungenauigkeit im Endresultat anhäufen. Dies kann so weit gehen, daß in einer langen Rechnung, etwa in einer mechanischen Integriermaschine, Elementarungenauigkeiten von 1 : $10^5$ eine untragbare Ungenauigkeit im Endresultat verursachen mögen. Diese Lage wird noch dadurch verschlimmert, daß eine früh in die Rechnung eingeschmuggelte Elementarungenauigkeit in ihrer Auswirkung im weiteren Verlaufe der Rechnung verstärkt, d. h. vergrößert werden kann. In der Tat ist diese sogenannte „Rechenunstabilität" bei längeren Rechnungen ganz besonders gefährlich. All dies hat die Auswirkung, daß man die meisten Ziffernmaschinen heute auf Genauigkeiten bis zu zehn Dezimalziffern baut, d. h. die rechnerische Elementarungenauigkeit auf 1 : $10^{10}$ herabdrückt. (Es kommen mitunter sogar noch höhere Genauigkeiten vor.) 1 : $10^{10}$ ist natürlich physikalisch unsinnig – aber bloß im direkten Sinn. Anders ausgedrückt: Das Resultat kann man fast nie mit einer derartigen Genauigkeit benutzen. Auch die Einsatz-Angaben des Problems liegen fast nie mit solcher Genauigkeit vor. Aber wenn man eine schnelle Maschine baut, so tut man es vermutlich, weil man eine lange Rechnung vor sich hat. Wenn man eine lange Rechnung vor sich hat, so ist es höchstwahrscheinlich, daß sich die Fehler anhäufen werden, und die heutige Erfahrung lehrt, daß, wenn man eine Maschine baut, die mit den höchstmöglichen Geschwindigkeiten operiert, die ganze Anordnung aus dem Gleichgewicht geschleudert würde, wenn man nicht Elementargenauigkeits-Schranken im oben angedeuteten Ausmaße einhält.

Das ist einer der Hauptgründe, weshalb die neuere Entwicklung von der Analogiemaschine weg zur Ziffernmaschine gegangen ist. Zu komplizierten Problemen gehören schnelle und lange Rechnungen und bei langen Rechnungen wird der Fehleranhäufungsprozeß sehr bedrohlich. Darum braucht man sehr hohe Genauigkeiten, die man in Analogieprozessen nicht erreichen kann, die aber in der Ziffernrechnung ohne weiteres zugänglich sind. Es ist leicht, mechanisch eine Genauigkeit von 1 : $10^2$ zu erzielen, man kann es mit Spielbaukastenmethoden tun. Es ist nicht schwer, 1 : $10^3$ zu erreichen. 1 : $10^5$ ist wohl heute die Grenze des mechanisch Erreichbaren. 1 : $10^6$ ist heute unmöglich. D. h. mit zunehmender Genauigkeit nimmt hier (mechanisch!) die Schwierigkeit mit großer Beschleunigung zu, und bald ist die Grenze des Möglichen erreicht. Mit Ziffernmethoden ist es ganz anders. Hier hat man eine Genauigkeit 1 : $10^5$ mit fünf Ziffern, 1 : $10^6$ mit sechs Ziffern – bloß 20 % mehr Aufwand. Die Erhöhung der Genauigkeit ist hier viel leichter, und jede gewünschte Genauigkeit ist an und für sich erreichbar.

Bei Ziffernmaschinen drückt man Zahlen normalerweise so aus, wie man es in der Literatur tut – durch Ziffern. Ursprünglich geschah dies meistens im Dezimalsystem. Im Laufe der letzten sechs oder sieben Jahre hat sich eine ziemlich starke Tendenz gezeigt, zum Zweiersystem überzugehen. Ob das endgültig ist, ob man zum Schluß wieder vorwiegend zum Dezimalsystem zurückkehren wird, oder ob ausschließlich das Zweiersystem oder beide Systeme nebeneinander existieren werden, ist nicht leicht zu raten, auch nicht besonders wichtig. Ich glaube, daß man jedenfalls in wissenschaftlichen Rechnungen und wohl auch in Ingenieurrechnungen größtenteils zum Zweiersystem übergehen wird, da dieses beträchtliche Vorteile hat.

Das nächste, was zu bemerken wäre, ist, daß die Ziffernmaschinen im wesentlichen logische Maschinen sind. Es handelt sich hierbei darum, daß die Maschine, die fast immer elektrisch ist, irgendwie durch elektrische Pulse auf verschiedenen Leitungen die Ziffern, mit denen sie gerade arbeitet, anzeigt, und daher die aus diesen Ziffern aufgebauten und mathematisch belangvollen Zahlen selbst durch die entsprechenden Pulssysteme anzeigt, und daß die ganze Maschine so organisiert ist, daß zwischen diesen Zahlen diejenigen Verknüpfungen hergestellt werden, die die plangemäß nötigen neuen Zahlen erzeugen. Auf diese Weise entfaltet sich das ganze vorgesehene Schema der Rechnung.

Bei allen diesen elektrischen Maschinen und auch bei den meisten Analogiemaschinen ist ein Moment entscheidend, nämlich das der Verstärkung. Die Prozesse, mit denen man innerhalb der Maschine Signale gibt, die die Rechnung andeuten, benötigen alle gewisse Energien. Nun sind alle denkbaren Signalisier- und Schaltprozesse mit Energieverlusten (genauer: mit Energiedegradierung) verbunden. Eine schnelle Maschine, die in einer Sekunde, sagen wir, eine Million Operationen durchführt, wird in einer

Stunde 3,6 Milliarden Operationen durchgeführt haben. Es folgt daher aus diesem durchaus typischen Beispiel, daß, wenn man bei jedem Schritt auch nur ein zehntel Prozent der Signalenergie verliert, bei einer Million Operationen, d. h. in einer Sekunde, die Energie bis auf einen Bruchteil $10^{-430}$ verloren geht. Dies macht die Operation bereits in der ersten Sekunde sinnlos – von einer Stunde brauchen wir gar nicht zu sprechen. Es ist daher ganz bestimmt, daß man immer wieder unterwegs Verstärkung braucht. Alle wesentlichen Rechenmaschinentypen hingen daher immer von den Verstärkerprozessen ab, die man einführen konnte. Die ersten Integriermaschinen waren durch die Einführung von gewissen mechanischen Verstärkern bedingt. Die modernen Elektronenmaschinen wurden dadurch ermöglicht, daß man in der Elektronenröhre einen guten und schnellen elektrischen Verstärker hatte, und es ist sehr wahrscheinlich, daß die weitere Entwicklung von Rechenmaschinen der Entwicklung verbesserter und schnellerer elektrischer Verstärkungsprozesse folgen wird.

Ich möchte jetzt beschreiben, was die wesentliche Organisation einer Ziffernmaschine ist, aus welchen Teilen sie besteht und welche technologischen Probleme von diesen einzelnen Teilen der Maschine herrühren. Im großen und ganzen ist es immer so, daß die Maschine auf irgendeine Weise Zahlen speichern, d. h. festhalten kann. Nehmen wir an, daß die Maschine im Zweiersystem arbeitet, und nehmen wir ferner an, daß sie mit Zahlen arbeitet, die ungefähr die Genauigkeit von zehn Dezimalziffern haben. Das bedeutet etwa 33 Zweier-Ziffern. Nehmen wir an, um eine runde Zahl zu haben, daß sie eine Genauigkeit von 30 Zweierziffern hat, d. h. neun Ziffern im Zehnersystem. Dann muß man es etwa so eingerichtet haben, daß wiederholt ein elektrischer Puls da ist, der positiv oder negativ ist, und der positive die Ziffer 1 und der negative Puls die Ziffer 0 darstellt. Auf dieser Grundlage wird man dann eigentliche, 30 Zweier-Ziffern-Zahlen folgendermaßen darstellen: Die Zahl entspricht entweder einer zeitlichen Folge von 30 Pulsen im obigen Sinne, alle auf einer und derselben elektrischen Leitung – diese Darstellungsweise heißt serial, oder die Zahl wird durch 30 gleichzeitige Pulse auf 30 verschiedenen Leitungen dargestellt – diese Darstellungsweise heißt parallel. Ein Vakuumröhrensystem, das 30 Leitungen im letztgenannten Sinne auf einer beliebig vorgegebenen Zahl (d. h. 30 Zweier-Ziffern-System) festhalten kann, heißt ein Register – dies ist ein Speicher für eine solche Zahl. Es gibt natürlich viele elektrische Anordnungen, insbesondere Vakuumröhrenanordnungen, die so einen elektrischen Zustand festhalten können. Da die Maschine arithmetische

Operationen durchführen soll, muß sie in der Lage sein, aus den Zahlen, die in zwei Registern sitzen, auf Befehl, d. h. unter der Einwirkung eines auf einer für diesen Zweck vorgesehenen Leitung ankommenden elektrischen Pulses, eine Summe zu bilden. Noch komplizierter und höher zusammengesetzt wird die Anordnung, wenn sie eine Multiplikation oder eine Division durchzuführen imstande sein soll. Noch komplizierter wird es, wenn man unter der Einwirkung geeigneter Alternativbefehle alle Operationen der Arithmetik – addieren, subtrahieren, multiplizieren, dividieren – haben will. Alle diese Aufgaben sind indessen seit Jahren untersucht und auf mehrere zweckmäßige Weisen gelöst worden. Eine derartige Vorrichtung nennt man das arithmetische Organ der Maschine.

Diese Schaltwerke können, wie gesagt, mit Vakuumröhren gebaut werden. Bei den heutigen Konstruktionen handelt es sich um ziemlich große Vakuumröhrenanlagen. Es handelt sich an diesem Punkte meistens um mehrere hundert bis etwa tausend Vakuumröhren, im Durchschnitt etwa 300 bis 500. Die Vakuumröhre ist nicht das zuverlässigste aller möglichen Organe und funktioniert nur dann richtig, wenn man sie von Zeit zu Zeit beobachtet und richtig einstellt. Bei den üblichen Apparaten, die man etwa in der Höhenstrahlungs- und Kernphysik verwendet, in denen meistens nur ein paar Dutzend Röhren da sind, kann man das ohne allzu große Schwierigkeiten machen. Bei einer Rechenmaschine, bei der man mehrere tausend Röhren gleichzeitig richtig funktionierend erhalten muß, ist das natürlich ein sehr schwieriges Problem. (Allerdings gibt es auch physikalische Instrumente mit einigen hundert Röhren.) Das Planen, der Entwurf einer solchen Maschine dreht sich großenteils darum, daß man Dinge tun will, die als Vakuumröhrenprobleme an sich nicht besonders schwierig sind und bei denen die Hauptschwierigkeit darin liegt, zu erreichen, daß im größten Teil der Zeit wirklich alle Röhren in Ordnung sind, und zwar alle gleichzeitig, und daß man an einem Tage, der aus 24 Stunden besteht, weniger als 24 Stunden damit verbringt, die Maschine in Ordnung zu bringen und zu erhalten. Eines der klassischen Argumente, warum die Vakuumröhrenmaschine unmöglich sei, war dieses: Es ist wohl bekannt, daß eine Vakuumröhre im Durchschnitt nur 2000 Stunden lebt und da man größenordnungsmäßig etwa 10 000 Röhren in einer Maschine braucht, so folgt, daß etwa alle zehn Minuten eine Röhre den Geist aufgeben wird und daß man alle zehn Minuten zusätzlich das Problem haben wird, zu ermitteln, welche von den 10 000 Röhren gerade kaputt gegangen ist. Die Antwort auf die Frage ist ziemlich einfach. Es ist nicht richtig, daß eine Vakuumröhre 2000

Stunden lebt, richtig ist, daß bei den früheren Anwendungen der Vakuumröhren das wirtschaftliche Optimum dort lag, dieselben gerade derartig zu benutzen, daß sie 2000 Stunden leben. D. h. bei den meisten früheren Apparaten mit Röhren lag das Optimum zwischen Schwierigkeit und Billigkeit usw. gerade bei 2000 Stunden Lebensdauer. Wenn nun das Problem des Imstandehaltens des Gesamtsystems ein viel größeres ist, so verschiebt sich das Optimum, und zwar nicht nur das wirtschaftliche Optimum, sondern überhaupt dasjenige der Operabilität der Maschine. Das heißt, daß man die Vakuumröhren viel vorsichtiger behandeln muß. Aber es liegt heute ausreichende Erfahrung vor zu beweisen, daß bei den Maschinen, die man heute plant, das durchschnittliche Leben einer Vakuumröhre etwa 100 000 Stunden beträgt. Es ist die gleiche Röhre, daran hat sich nichts geändert, nur hat man ihre Verwendung anders eingerichtet. Es ist kein Naturgesetz, daß eine Röhre 2000 Stunden lebt und nicht 20 000 oder 200 000 Stunden. Es handelt sich nur darum, daß sie nicht so stark geheizt wird, daß die Spannungsintervalle enger gehalten werden, und verschiedene andere ähnliche Vorsichtsmaßregeln.

Ein zweiter Teil, den jede Maschine enthalten muß, ist der eigentliche Speicher. Dies ist ein Zahlenspeicher, der fähig sein muß, ziemlich viele Zahlen festzuhalten, zu speichern. Zum Vergleich: Ein Register, wie es weiter oben beschrieben wurde, kann eine (30 zweier-ziffrige, vgl. w. o.) Zahl festhalten. Das arithmetische Organ (vgl. w. o.) benötigt drei solche Register (zwei für die zwei Eingangs-Variablen der arithmetischen Operation, eines für das Resultat), d. h. es kann insgesamt drei Zahlen festhalten. Der soeben erwähnte eigentliche Speicher muß demgegenüber so viele Zahlen festhalten können, als jemals im Laufe des Gesamtproblems gleichzeitig benötigt werden. Wie groß diese Anzahl ist, hängt natürlich vom Problem ab, aber bei einem langen und komplizierten Problem kann sie recht beträchtlich werden. Ich will hier nicht näher darauf eingehen, wie man diese Anzahl analysiert und was die verschiedenen Anforderungen, die dabei herauskommen, praktisch bedeuten. Aber ich möchte gleich sagen, daß die Anzahl von (etwa 30 zweier-ziffrigen, vgl. w. o.) Zahlen, die man bei den Rechnungen, die für die Maschinen der hier betrachteten Klasse typisch sind, braucht, sich in den Tausenden bewegt. Man kann mit 1000 wohl noch gerade existieren, mit bloß 500 wäre die Existenz bereits recht schwer. Ob man 1000, 2000, 4000, 8000 oder 16 000 braucht, hängt von vielerlei Momenten ab, von der Natur der Probleme, von der Behandlungsweise, davon, wie weit man die Probleme in Teilprobleme zerlegt usw.

Lassen Sie mich versuchshalber die Anzahl 1000 nehmen, wenn sie auch nach heutigen Begriffen etwas niedrig ist. Der Speicher muß dann die Fähigkeit haben, 1000 (30 zweier-ziffrige) Zahlen festzuhalten. Diese Zahlen können durch Adressen identifiziert werden, die den Variabilitätsbereich von 1—1000 haben. Im Zweiersystem braucht man 10 Ziffern, um die Zahlen von 1—1000 auszudrücken (10 Zweier-Ziffern stellen die Zahlen von 0 bis $2^{10}-1 = 1023$ dar), also braucht man in diesem Falle eine 10-ziffrige Adressen-Registration.

Im Lichte dieser Bemerkungen kann man nunmehr die allgemeine logische Struktur der „Befehle", die die Maschine steuern, folgendermaßen analysieren.

Ein Befehl enthält gewöhnlich eine oder mehrere „Adressen", um eine Anweisung, eine mit diesen Speicher-Adressen irgendwie zusammenhängende Handlung durchzuführen. Zum Beispiel könnte ein Befehl das Speichern einer in einem gewissen Register befindlichen Zahl an einer bestimmten Speicher-Adresse – etwa x – bezwecken. Dies ist ein (in-den-Speicher) „Schreibe-Befehl", x ist die Adresse, der Rest des obigen Satzes die „Handlungs-Anweisung". Umgekehrt könnte ein Befehl das Ermitteln der an einer bestimmten Speicher-Adresse – etwa x – befindlichen Zahl und ihre Wiedergabe in einem gewissen Register bezwecken. Dies ist ein (aus-dem-Speicher) „Lese-Befehl", x ist die Adresse, der Rest des obigen Satzes ist die „Handlungs-Anweisung". Diese zwei Befehle ermöglichen zusammen das freie Herumführen der Zahlen, d. h. ihre freie Zuführung zu den notwendigen (meistens arithmetischen) Operationen, die freie Abführung der Resultate und das freie und plangemäße Verwenden des Speichers.

Es ist klar, daß außerdem weitere Befehle nötig sind, die die Operationen als solche anordnen. Ein derartiger „Operations-Befehl" kann „rein" sein, d. h. lediglich die gewünschte Operation anordnen, von Eingangs-Variablen, die sich bereits in fest gegebenen Registern befinden, zu einem Resultat, welches in einem gleichfalls fest gegebenen Register erzeugt wird, oder er kann „zusammengesetzt" sein, d. h. etwa auch alle Speicher-Adressen, an denen die Eingangs-Variablen vorzufinden sind, und die Speicher-Adresse, an die das Resultat zu verfügen ist, angeben.

Die Schreibe- und Lese-Befehle sind offenbar „Ein-Adressen-Befehle", reine Operationsbefehle sind „Null-Adressen-Befehle". Die soeben beschriebenen zusammengesetzten Operations-Befehle sind, falls die Operation k Eingangs-Variablen hat, „k + 1-Adressen-Befehle". Bei den arithmetischen Operationen (+, —, :, ×) ist k = 2, so daß die letzteren Befehle dann

„Drei-Adressen-Befehle“ sind. Außerdem sind natürlich allerhand Zwischen-Typen, die nur einen Teil der obengenannten Speicher-Adressen angeben und sich sonst auf fest gegebene Register beziehen, möglich. Andererseits kann die Zahl der Speicher-Adressen in einem Befehle auch dadurch um eins erhöht werden, daß jene Speicher-Adresse angegeben wird, an der der nächstauszuführende Befehl vorzufinden ist.

Natürlich wird man alle diese Befehle der Maschine nicht jedesmal „von außen“ erteilen wollen. Das Bedürfnis nach Höchstgeschwindigkeiten ist bloß dann reell, wenn es sich nicht bloß um das schnelle Ausführen der einzelnen Befehle handelt, sondern auch um das schnelle Aufeinanderfolgenlassen dieser Handlungen. Daher muß die Maschine durch Befehle gesteuert werden, die bereits irgendwie in ihr gespeichert sind, und dort mit Höchstgeschwindigkeit sowie in der planmäßig vorgesehenen Reihenfolge zugänglich sind. Dies wird am einfachsten so erreicht, daß die für ein geplantes Rechenprogramm erforderlichen Befehle selber in den Zahlenspeicher (vor Rechnungsbeginn) eingeführt und dort (für die Rechnungsdauer) aufbewahrt werden. Hierzu müssen diese Befehle in Zahlenform ausgedrückt werden. Für die in ihnen vorkommenden Speicher-Adressen, die ja sowieso Zahlen sind, ist dies kein Problem. Die „Handlungs-Anweisungen“ dagegen müssen durch irgendeine Numerierungs-Vereinbarung in einen Ziffern-Code übertragen werden.

Die Maschine vermag dann, wenn darüber nicht anders verfügt wird, die Befehle in der Reihenfolge auszuführen, in der sie gespeichert sind, d. h. nach jedem Befehle den nächstauszuführenden Befehl an der um eins erhöhten Speicher-Adresse vorzufinden. Eine mögliche Abweichung von dieser einfachen Befehl-Sequenz ist die weiter oben beschriebene Anordnung, wo ein Befehl auch die Speicher-Adresse des nächstauszuführenden Befehls enthält. Ein Befehl, der eine derartige Steuerung der Nächst-Befehls-Adresse enthält, heißt ein „Transfer-Befehl“, und zwar einer von der „unbedingten“ Art. Eine zweite mögliche Abweichung von der soeben beschriebenen einfachen Befehl-Sequenz liegt in den sogenannten „bedingten Transfer-Befehlen“ vor, auf die ich weiter unten zu sprechen komme.

Eine typische Geschwindigkeit für eine moderne Maschine ist etwa (im Mittel) 10 000 Befehle pro Sekunde. Eine typische Speicherkapazität ist eine von so vielen Zahlen, daß Raum für das Speichern von etwa 2000 Befehlen verfügbar ist. Infolgedessen würde dies eine Problemlänge von nur $1/5$ Sekunde zulassen – falls keine Wiederholungen vorkämen. Nun dauern typische, einigermaßen groß angelegte Probleme normalerweise mehrere Stunden. Daher müssen Wiederholungen vorgekommen sein – z. B. bei einer totalen Operationszeit von 2 Stunden im Mittel 36 000 Wiederholungen jedes Befehls! Dies entspricht in der Tat einem mathematisch-logisch wohlbekannten Umstand. In der Tat hat jede mathematische Prozedur, deren Verwicklungsgrad überhaupt erwähnenswert ist, den Charakter, daß Wiederholungen vorkommen, indem man eine gewisse Sequenz von Operationen durchführt, dann einige Änderungen vornimmt, dann dieselbe Sequenz wieder durchführt, dann wieder dieselben Änderungen vornimmt usw. Hierbei ist es entscheidend, da ja der Prozeß ein Ende haben muß, daß man nach jeder Wiederholung untersucht, ob gewisse Kriterien für das Aufhören bereits erfüllt sind oder ob man weiter wiederholen muß. Dies ist ein „Induktionszyklus", die soeben erwähnte Sequenz ist seine „Grundsequenz". Derartige Prozesse können sich außerdem nebeneinanderstellen oder verketten oder überlagern. Allenfalls benötigt man Befehle, die den einem Induktionszyklus innewohnenden Wiederholungsprozeß steuern. Dies geschieht, indem am Ende jedes Durchlaufens der Grundsequenz ein bestimmtes Kriterium prüft, und auf Grund davon diese Grundsequenz (im Ja-Falle) wiederholt oder (im Nein-Falle) abbricht und zu einem anderswo befindlichen Nächstbefehle übergeht. Das Kriterium läßt sich immer auf die Form bringen, daß eine auf eine gewisse Weise gebildete Zahl nichtnegativ ist. Daher lautet der kritische Befehl etwa so: „Wenn die an der Speicher-Adresse x befindliche Zahl nichtnegativ ist, so finde den nächstauszuführenden Befehl an der Speicher-Adresse y; wenn sie dagegen negativ ist, so finde ihn an der Speicher-Adresse z." Dies ist ein „bedingter Transfer-Befehl". In der hier angegebenen Form ist er ein „Drei-Adressen-Befehl, es sind aber auch andere Varianten möglich, die auf mehr oder auf weniger Adressen führen.

Hiermit sind die Hauptarten derjenigen Befehle, die das „innere" Funktionieren der Maschine steuern, aufgezählt, obwohl die Liste noch gewisser minderer Zusätze bedarf, die sich aber von einem zum anderen Maschinentyp ändern. Das Gesamt-Befehlssystem erfordert allenfalls das Vorhandensein eines Organs (in der Maschine), welches die folgende Funktion versorgt. Es kann den an einer gegebenen Speicher-Adresse befindlichen Befehl aus dem Speicher „lesen", den Befehl „deuten", d. h. diesen durch bedingte Maschinen-Handlungen veranlassen, und schließlich die Speicher-Adresse des nächstauszuführenden Befehls feststellen (unbedingt oder bedingt, vgl. weiter oben,) und dann diesen ganzen Prozeß wiederholen usw., usw. Dies ist das „Kontrolle-Organ" der Maschine.

Auf Grund dieser Befehlssorten und mit diesen Organen – d. h. den drei Organen 1) Speicher, 2) arithmetisches Organ, 3) Steuer-Organ – kann die Maschine fortlaufend funktionieren, aber es bleibt offen, wie das Anfangen und das Aufhören dieses Funktionierens zustande kommt. Daher bedarf die Maschine noch zweier weiterer Organe – nämlich dieser: 4) Eingangs-Organ, 5) Ausgangs-Organ.

Das Eingangs-Organ überträgt den ursprünglichen Inhalt des Speichers (das Ausgangs-Zahlenmaterial und die das vorliegende Problem steuernde Organisation von Befehlen) von einem durch Menschen herstellbaren Speicher-Medium (etwa einer Lochkarten-Folge) in den Speicher und „startet" sodann das „innere" Funktionieren der Maschine. Das Ausgangsorgan überträgt, nachdem ein geeigneter Befehl das „innere" Funktionieren der Maschine „gestopt" hat, den Inhalt des Speichers (d. h. die Resultate) auf ein für einen Menschen, oder vorzugsweise für einen Druck-Apparat lesbares Speicher-Medium (etwa wieder eine Lochkarten-Folge).

Ich wiederhole diese Aufzählung der fünf Haupt-Organe:

1) Speicher,
2) Arithmetisches Organ,
3) Steuer-Organ,
4) Eingangs-Organ,
5) Ausgangs-Organ.

Hiermit sind alle wesentlichen Bestandteile einer vollautomatischen Maschine aufgezählt. Alle technologischen Probleme drehen sich darum, wie diese fünf Organe verwirklicht werden.

Ich werde daher jetzt einiges über die Natur dieser Organe sagen und über die wichtigsten Züge der Entwicklungsgeschichte, die diese in den letzten zehn Jahren durchgemacht haben.

Ehe man diese schnellen Maschinen hatte, dachte man sich meist, daß die großen Schwierigkeiten der Hochgeschwindigkeitsmaschinen am Eingang und Ausgang lägen. Selbst wenn es möglich wäre, eine Multiplikation etwa in 1/1000 Sekunde durchzuführen und Probleme zu finden, an denen eine Maschine einen Tag laufen würde – das wären 80 Millionen Multiplikationen, – wer kann 80 Millionen Faktorenpaare, d. h. 160 Millionen Zahlen produzieren, die in diese Multiplikationen eingehen müssen, wer wird sie auf Papier lochen – und umgekehrt, wer wird die resultierenden Produkte, d. h. 80 Millionen Zahlen lesen? Die Antwort wird indessen sofort klar, wenn man sich in diese Lage hineindenkt. In der Tat: Man braucht hohe Geschwindigkeiten. Man braucht aber keineswegs hunderte von Millionen Zahlen. Es handelt sich vielmehr normalerweise darum, daß man ein paar hundert Zahlen, die das Problem definieren, einführt und ein paar Dutzend Resultate herausholt. Auch wenn diese Zahlen in die Tausende wachsen – was durchaus vorkommen kann – ändert sich am qualitativen Bilde nichts. Aber bei einem komplizierten Problem ist der Weg von den Eingangsdaten bis zu den Ausgangsdaten (d. h. dem Resultat) so kompliziert, daß man, um z. B. aus 200 Zahlen z. B. 50 Zahlen zu erzeugen, einige hunderte von Millionen Multiplikationen durchführen muß. Mit anderen Worten, die wirklichen Schwierigkeiten, die großen Zeitansprüche liegen in der Regel nicht am Eingang und am Ausgang; in der Tat wird sich wohl jeder, der ein schwieriges Problem zu lösen hat, sich diese schon von vornherein überlegt haben. Die Beschränkungen des menschlichen Verstandes sind eine Garantie, daß Eingangs- und Ausgangsproblem – wenigstens bei wissenschaftlichen und technischen Problemen – kaum wirklich schwierig sein können. Man kann hier meist mit Lochpapier (oder mit Lochkartenfolgen) auskommen. Die großen Anhäufungen kommen meist daher, daß der Weg vom Eingang zum Ausgang, d. h. von der Problemangabe zum Resultat sehr lang ist. Man hat weder am Anfang noch am Ende außergewöhnlich große Anzahlen (von Angaben, d. h. Zahlen), wohl aber im Laufe des Gesamtprozesses, im Laufe zahlreich aufeinanderfolgender Wiederholungen und Umformungen. Es ist übrigens charakteristisch, daß, wenn eine Maschine z. B. in einer Sekunde tausendmal multipliziert – was heute nicht einmal der Geschwindigkeitsrekord ist – und etwa an einem Problem fünf Stunden läuft, dies eine durchaus mäßige Problemlänge ist. Man wird ungern eine Maschine bauen, die in Anbetracht der Probleme, die man hat, so schnell ist, daß ein Durchschnittsproblem nur einige Minuten dauert. Wenn das geschieht, so hat man sich vermutlich überflüssig angestrengt, man hat eine unnötig schnelle Maschine gebaut und sich überflüssigerweise auf die Schwierigkeiten, die damit verbunden sind, eingelassen. Also es ist vernünftig anzunehmen, daß es immer wieder Probleme gibt, die ein paar Stunden dauern. Wenn man tausendmal in der Sekunde multipliziert und fünf Stunden lang operiert, dann sollte man 18 Millionen Multiplikationen durchgeführt haben. Die Organisation dieser Maschine ist bis heute noch nie so gut gelungen, daß die Maschine das Multiplizierorgan in der Tat dauernd benutzen kann. Auf dem Niveau der Maschinenplanung, das heute erreicht ist, mag es günstigenfalls gelingen, das arithmetische Organ etwa 25 Prozent der Zeit in Bewegung zu halten, in den übrigen 75 Prozent der Zeit beschäftigt sich die Maschine damit, herauszufinden, was man von ihr eigentlich verlangt. Also sie liest Befehle, transportiert Befehle und Ziffern und Zahlen von einem Ort zum anderen. D. h. in 75 Prozent der Zeit wird administriert und in 25 Prozent der Zeit wird arithmetisch gehandelt. Aber auch das bedeutet, daß man immerhin noch 4½ Millionen Multiplikationen hat. Man wird also ganz bestimmt 9 Millionen Faktoren multipliziert und 4½ Millionen Produkte gebildet haben. Nun ist dies eine Maschine, die abgesehen davon, was man ein- und ausführt, nicht gleichzeitig mehr als einige tausend Zahlen speichern kann. Die statistische Natur des Prozesses muß daher derart gewesen sein, daß man nie auf einmal mehr als einige Tausend Zahlen hatte, daß aber im Laufe der fünf Stunden einige Millionen Zahlen produziert wurden und daß die Eingangsdaten wahrscheinlich ein paar Hundert Zahlen waren und noch einige Hundert Angaben, die der Maschine mitteilten, was man eigentlich will, wie das Problem definiert ist, und die Ausgangsdaten wahrscheinlich auch ein paar Hundert Zahlen, vielleicht noch weniger. Ich kann Ihnen hierfür noch typische Beispiele angeben. Jedenfalls ist dies nicht kritisch und verschiedene Methoden, die etwa vom Lochpapier zu elektrischen Signalen und von elektrischen Signalen zum Lochpapier führen, sind unter den heutigen Verhältnissen unschwer zu lösen.

Das Steuer-Organ und das arithmetische Organ sind einander sehr ähnlich. Beides sind logische Organe, die gewisse Pulskombinationen, d. h. Zweier-Ziffern und ihre Kombinationen erkennen und in elektrische Handlungen umsetzen müssen. Wenn z. B. auf zwei Drähten gleichzeitig Signale auftreten, wird etwas getan; wenn dagegen auf einem oder auf keinem Draht Signale auftreten, wird nichts getan. Oder: Wenn das Signal auf einem Drahte da ist und auf dem anderen nicht, dann und nur dann wird etwas getan. Oder: Wenn von drei gegebenen Drähten alle drei angeregt sind, wird etwas getan, wenn aber nur zwei angeregt sind und der dritte nicht, wird etwas anderes getan, und in allen anderen Fällen geschieht nichts. All das, was im Steuer-Organ und im arithmetischen Organ durchgeführt werden muß, bedingt, daß es elektrische Einrichtungen einer wohlbekannten Art sind, die die wesentlichen Koinzidenzen und Antikoinzidenzen und deren Verknüpfungen beobachten und auf dieser Grundlage bedingt handeln.

Beim heutigen Stand der Technologie liegen bei dieser technischen Problemstellung die Hauptschwierigkeiten im Speicher. D. h. das Organ 1) auf unserer Liste repräsentiert das Hauptproblem, während die Organe 2) bis 5) bedeutend einfacher herzustellen sind.

Für das Speicherproblem sind etwa die folgenden Verhältnisse typisch. Es mögen Zahlen mit z. B. 30 Zweier-Ziffern vorliegen, und es sei etwa eine Speicher-Kapazität von 1000 solcher Zahlen geplant. Somit ergibt sich eine notwendige Speicher-Kapazität von 30 000 Zweier-Ziffern. Damit ist, vom logisch-mathematischen Gesichtspunkte, d. h. von dem der Anforderungen der anzustellenden Rechnungen, durchaus nicht besonders viel verlangt. Die gewöhnliche Elektronenröhrenanordnung, die in jedem von zwei Zuständen beliebig lang gleich stabil verweilen kann und die man schnell von einem Zustand in den anderen hinüberwerfen kann, die sogenannte „Kippschaltung“ besteht in der Regel aus einer Doppel-Elektronenröhre und einschließlich ihrer Eingangs- und Ausgangs- (oder Steuer-) Vorrichtungen aus mindestens zwei Doppel-Elektronenröhren. Somit bedeutet eine derartig verwirklichte Speicherkapazität von 30 000 Zweier-Ziffern eine Organisation von 60 000 Doppel-Elektronenröhren und noch etwas mehr mit den notwendigen Adressier- und Schalt-Anlagen. Beim heutigen Stand der Dinge wird sich kaum jemand im normalen Betriebe mit einer Maschine einlassen, die 60 000 Vakuumröhren hat. Die größte Rechenmaschine, die mir bekannt ist und die sonderbarerweise als erste gebaut wurde, enthielt nur 20 000 einfache Röhren. Sie existiert noch und sie ist durchaus brauchbar, aber es ist keineswegs leicht, sie fehlerfrei in Gang zu halten. Man hat normalerweise täglich mehrmals Schwierigkeiten. Daß man eine Maschine mit 60 000 Vakuumröhren ohne ganz außergewöhnliche Sicherheitsmaßregeln in Betrieb halten kann, scheint jedem, der sich damit beschäftigt hat, sehr unwahrscheinlich. Die ganze Vakuumröhrentechnik müßte dazu wesentlich besser werden. Man muß daher für den Speicher zu anderen Mitteln übergehen. Man kann das arithmetische Organ, das Steuerorgan mit ein paar tausend Röhren aufbauen und beherrschen. Man braucht aber andere Methoden, um Ziffern zu speichern. In der ganzen Entwicklung lag die Hauptschwierigkeit immer an diesem Punkt, und so ist es auch heute und in den nächsten Jahren wird es wohl immer noch der Fall sein.

Ich werde jetzt einiges über die physischen Eigenschaften dieser Maschine sagen und wie die Entwicklung, die ich aus unmittelbarer Erfahrung kenne, nämlich die in den Vereinigten Staaten, im letzten Jahrzehnt ausgesehen hat. Ich will auch versuchen, einiges spekulativ darüber zu sagen, was in den nächsten paar Jahren wohl passieren wird. Ich will auch Art und Quantität der Maschinen kurz behandeln, die heute in den Vereinigten Staaten vorhanden sind, und welche menschliche Organisation man im Zusammenhang mit derartigen Maschinen braucht.

Die Geschwindigkeiten, die man heute erreicht, sind dadurch charakterisiert, daß man angibt, wie lange eine Multiplikation dauert. Man kann natürlich zwei Maschinen bauen, die die gleiche Zeit für Multiplikationen brauchen und in verschieden langer Zeit addieren. Aber diese Unterschiede sind meist nicht groß und die statistischen Eigenschaften der mathematischen Probleme sind derart, daß diese allenfalls nicht entscheidend sind.

Gewisse andere Faktoren erfordern eine genauere Betrachtung. Bei fast jeder „inneren" Operation der Maschine ist „lesen" und „schreiben" aus (oder in) dem Speicher, d. h. Zugang zum Speicher notwendig. Daher ist die Zugangsgeschwindigkeit zum Speicher oder vorteilhafter ausgedrückt die „Zugangszeit" zum Speicher eine sehr wesentliche Quantität. Mit jeder Multiplikation ist in typischen Rechnungen im Mittel eine Addition (oder Subtraktion) verbunden. Jede dieser Operationen erfordert normalerweise 4 Zugänge zum Speicher: Einen für den Befehl selbst, zwei für die zwei Variablen (Faktoren oder Addenden), einen für das Resultat (Produkt oder Summe). Dies sind insgesamt 8 Zugänge. Mit den zwei „arithmetischen Befehlen" sind immer weitere „administrative Befehle" verknüpft, die die Zahl der Zugänge in der Regel auf 12—16 bringen. Andererseits gibt es Tricks, die die Anzahl der notwendigen Zugänge verringern, z. B. mehrfache Speicherung von Befehlen oder mehrfache Funktionen in einem Befehl; Zurückhalten eines Resultats in einem Register, aus dem es die nächste Operation als eine ihrer Variablen direkt entnehmen kann u. ä. Summa summarum ist es wohl gerechtfertigt, mit jeder Multiplikation im Mittel etwa 10 Speicher-Zugänge anzusetzen. Infolgedessen ist die Maschine zweckmäßig und „ausgeglichen", wenn die Zugangszeit etwa $1/10$ der Multiplizierzeit ist. Dann wird die Maschine bei einer Rechnung insgesamt etwa zweimal soviel Zeit zubringen, als sie auf bloßes Multiplizieren verwendet (hierin steckt übrigens auch noch die Annahme, daß die Additions- [Subtraktions-] Zeit kurz ist [im Verhältnis zur Mulitplikationszeit] und daß Divisionen selten sind [im Verhältnis zu Multiplikationen] – beides ist meistens im wesentlichen zutreffend), d. h. der reine Multiplizier-Zeitanteil ist $1/2$. Indessen wird dieser Idealzustand kaum je erreicht, bei einer wohlgeplanten und -konstruierten modernen Rechenmaschine ist der reine Multiplizier-Zeitanteil in der Regel $1/3$—$1/4$.

Im einzelnen hat man heute die folgenden Operationsgeschwindigkeiten erreicht. Die höchsten Zugangsgeschwindigkeiten sind von der Größenordnung $10^{-5}$ Sekunden. Die höchsten Multipliziergeschwindigkeiten – etwa für Zahlen mit 10 Dezimalziffern (d. h. 33 Zweier-Ziffern) kalibriert – liegen zwischen 5 und $^1/_2$ mal $10^{-4}$ Sekunden, d. h. sie sind von der Größenordnung $10^{-4}$ Sekunden. (Somit erfüllt dieser Zustand der Technologie den soeben formulierten Wunsch, daß das Verhältnis von Multiplizierzeit zu Zugangszeit etwa 10 sei.) Fast alle Sachverständigen sind sich darin einig, daß man, ohne eine neue Entdeckung zu machen, ohne neue Schaltorgane und Speicherorgane oder auch nur neue Röhrentypen einzuführen, all dies wahrscheinlich noch um einen Faktor 2 oder 3 verbessern könnte, aber kaum um mehr.

Ich will jetzt eine typische mathematisch-physikalische Anwendung einer schnellen, vollautomatischen Rechenmaschine kurz diskutieren. Meine Wahl gerade dieser besonderen Anwendung – oder eher, dieses besonderen Anwendungskreises – ist insbesondere dadurch begründet, daß ich sie aus persönlicher Erfahrung kenne. Sie ist von meinem Mitarbeiter Dr. J. Charney, mit meiner Mitwirkung und zusammen mit einer größeren Arbeitsgruppe am Institute for Advanced Study in Princeton, wo ich tätig bin, im Laufe der letzten sechs Jahre ausgebildet worden. Dies ist die rechnerische Behandlung der dynamischen Meteorologie, d. h. insbesondere der hydrodynamischen Untersuchung der Atmosphäre. Es handelt sich hierbei um das Verstehen der Hauptzüge der atmosphärischen Zirkulationen im großen, des Wetters im Kleinen und somit der klimatischen Verhältnisse im Allgemeinen.

Die erste Stufe dieses Programms – aber auch nur die erste! – ist die Ausarbeitung von mehr oder weniger vereinfachten hydrodynamischen Modellen der Atmosphäre, deren Gültigkeit dadurch zu beweisen ist, daß mit ihrer Hilfe kurzfristige Wettervoraussagen für beschränkte Gebiete möglich sind. Aus diesem Grunde haben wir 24- und 48stündige Voraussagen des hydrodynamischen Zustandes der Atmosphäre für die Vereinigten Staaten und die angrenzenden Gebiete durchgeführt. Übrigens waren diese Bemühungen recht erfolgreich, so daß der Wetterdienst der Vereinigten Staaten zusammen mit der Marine und der Luftwaffe auf Grund unserer Methoden einen dauernden rechnerischen Wettervoraussagedienst einrichtet. Dieser wird wohl im Laufe des nächsten Jahres mit einer großen, vollautomatischen Schnellrechenmaschine (vom Typ „701" der International Business Machine Corporation) regelmäßig funktionieren.

Auf Grund unserer Erfahrungen mit der rechnerischen Wettervoraussage läßt sich u. a. das Folgende sagen.

Das vereinfachte Modell der atmosphärischen Hydrodynamik, das wir benutzten, beruhte darauf, nur die Druckverteilung in der Atmosphäre anzugeben. Das liegt daran, daß die rein hydrodynamischen Luftkräfte durch andere Kräfte dominiert sind – obzwar sie natürlich selbst durchaus nicht zu vernachlässigen sind, ja sogar der eigentliche und Grundgegenstand der Untersuchung sind – nämlich in erster Linie durch die Schwerkraft und in zweiter Linie durch die von der Drehgeschwindigkeit der Erde herrührende Corioliskraft (die letztere aber nur außerhalb der Äquatorialzone!). Hieraus folgen – durch gewisse legitime Vernachlässigungen – zwei wichtige vereinfachende Prinzipien, nämlich das „hydrostatische Prinzip" (der Schwerkraft entsprechend) und das „geostrophische Prinzip" (der Corioliskraft entsprechend). Mit ihrer Hilfe bestimmt die Druckverteilung die Temperaturverteilung (hydrostatisches Prinzip) und daher auch die Entropieverteilung sowie die Horizontalkomponenten der Geschwindigkeitsverteilung (geostrophisches Prinzip) und, wenn nötig, auch deren Vertikalkomponente (Erhaltung der invarianten Kombination von Entropie und Wirbelvektor – die „spezifische Wirbelstärke" von C. A. G. Rossby). Daher lassen sich in dieser (sehr günstigen!) Situation die üblichen Differentialgleichungen der Hydrodynamik derart umformen, daß in ihnen nur die Druckverteilung vorkommt. Schließlich ist es vorteilhaft, bei gegebenen (irdischen) Horizontalkoordinaten x, y die Beziehung zwischen der Vertikalkoordinate z und dem Druck p umzukehren, d. h. nicht mit der Funktion $p = p(x, y, z)$, sondern mit der (gleichwertigen) Funktion $z = z(x, y, p)$ zu arbeiten. Diese Umformung der hydrodynamischen Differentialgleichungen und die dazugehörende Ausnützung der zugrundeliegenden physikalischen Prinzipien (vgl. weiter oben) ist eine der schönen Leistungen von J. Charney.

In dieser Form können die Differentialgleichungen dann für irgendwelche ausgedehnte, in Bezug auf meteorologische Phänomene in allen Höhenlagen und jederzeit wohlbeobachtete Teile der Erdoberfläche angesetzt werden. Da heute die Ozeane in diesem Sinne nicht besonders gut beobachtet sind, beschränkt dies gegenwärtig die einfachste Problemstellung auf gewisse einheitliche Kontinentalbereiche, z. B. die Vereinigten Staaten oder Mittel-, Nord- und West-Europa. Wir haben Rechnungen für die Vereinigten Staaten, mit einer Ränderung von etwa 1000 km angestellt. Die „geographische Auflösung", die die heute verfügbare Beobachtungsdichte rechtfertigt, ist etwa 300 km. Somit haben wir etwa 300 km × 300 km Quadrate als Elementargebiete und darum im Bereich der Untersuchung ungefähr 20 × 20 solcher Elementargebiete. Es kommt nun noch darauf an, in wieviele Höhenlagen man die Atmosphäre vertikal „auflöst". Da die Vertikalkoordinate der Druck ist, der von einer Atmosphäre = 1000 Millibar bis Null variiert, handelt es sich von der Aufteilung des Intervalles 1000—0 Millibar. Selbst ein einziger Teilpunkt ist möglich, diesen wird man bei 500 Millibar (d. h. etwa 5 km hoch) wählen, ferner zwei Teilpunkte, diese wird man möglicher- aber nicht notwendigerweise bei $333^1/_3$ und $666^2/_3$ Millibar wählen usw. usw.

Die Fehlerquellen der weiter oben beschriebenen Theorie sind groß genug, um ein Einführen von mehr als fünf Teilpunkten (Höhenlagen) nicht zu rechtfertigen. Somit hat man 1-, 2-, 3-, 4-, und 5- Lagen Modelle. Wir haben mit allen diesen gearbeitet und sie an typischen „schwierigen" Wettersituationen – etwa wo ein starkes Drucktief (d. h. ein Sturm) sich aus einem anscheinenden „Nichts" entwickelt, wo also keinerlei „Extrapolations- oder Fortsetzungs-Prozesse" richtig voraussagen würden – vergleichend ausgewertet. Wir wissen, daß das 1- Lagen-Modell in der Regel ungefähr so gut ist wie ein erfahrener „subjektiver" Wettersachversändiger (die Korrelation K der vorausgesagten zur beobachteten 24stündigen Höhenverschiebung der untersuchten Drucklage ist etwa K ∼ 0.6 bis 0.7) während das 3-Lagen-Modell wesentlich besser ist (etwa K ∼ 0.8 bis 0.85 – die Qualität und die Dichte der Beobachtungen und die üblichen Interpretationsmethoden würden an sich selbst „ideal" – d. h. für O-ständige Voraussage – nichts besseres als etwa K ∼ 0.95 ermöglichen).

Das Differentialgleichungssystem ist tatsächlich ein Integro-Differentialgleichungssystem, d. h. wir müssen bei jedem zeitlichen Elementar-Schritt der Hauptdifferentialgleichung eine untergeordnete Laplacesche Differentialgleichung auflösen. Bei dem 1-Lagen-Modell ist der zeitliche Elementar-Schritt etwa $1^1/_2$ Stunden (18 in 24 Stunden!), bei dem 3-Lagen-Modell muß er etwa 2- bis 3mal kürzer sein.

Die 1-Lagen-Rechnung erfordert etwa 200 000 Multiplikationen. Unsere Rechenmaschine hat eine Multiplikationszeit von etwa $^1/_2$ Millisekunde und wir können in der Regel eine Multiplikationsdichte von etwa 25 % erzielen, d. h. de facto 500 Multiplikationen pro Sekunde ausführen. Dementsprechend dauerte bei uns eine 1-Lagen-Rechnung 6 Minuten. Eine 3-Lagen-Rechnung ist etwa 8mal umfangreicher und dauert 50 Minuten.

Zum Schluß möchte ich noch einiges darüber sagen, wie die gegenwärtige Lage in den Vereinigten Staaten in bezug auf solche Maschinen ist. Die erste derartige Maschine wurde in den letzten Kriegsjahren gebaut, sie hieß (auf Grund einer Anfangsbuchstaben-Kombination) ENIAC. Sie ist für heutige Begriffe enorm, denn sie enthält 22 000 Vakuumröhren. Sie ist etwa zehnmal langsamer als was typisch gelten mag: Die Multiplizierzeit beträgt 4 Millisekunden. Der „innere“ Speicher ist recht beschränkt, 20 Zahlen – die Maschine ist decimal mit 10 Zehner-Ziffern per Zahl. Sie hat heute einen zusätzlichen ferromagnetischen Speicher von 100 Zahlen. Ein- und Ausgang sind auf Lochkarten.

Heute gibt es in den Vereinigten Staaten etwa 40 Maschinen mit Multiplikationszeiten von 2 bis 0,4 Millisekunden, „inneren Speichern von 1000 bis 4000 Zahlen und Zugangszeiten von 300 bis 10 Mikrosekunden (etwa die Hälfte dieser Maschinen gehören der Spitzenkategorie an) und mehr oder minder ausgedehnten Hilfsspeichern auf magnetischen Trommeln und Streifen. Der augenblickliche Rekord ist die NORC (ebenfalls eine Kombination von Anfangsbuchstaben) der International Bussiness Machine Corporation (für die Kriegsmarine gebaut). Hier ist die Multiplikationszeit etwa 30 Mikrosekunden (mit gewissen festgelegten Hilfsoperationen – Speicherzugänge, Dezimalpunktadjustation, mögliche zusätzliche induktive Speicher-Adresse Änderungen – etwa das Doppelte), der „innere“ Speicher 2000 Zahlen (je 14 Zehner-Ziffern und ein Zehner-Exponent von —50 bis +50), die Zugangszeit 8 Mikrosekunden.

Diese Maschinen enthalten 2000 bis 5000 Doppel-Elektronenröhren (9000 in NORC) und Null bis 9000 Kristalldioden (15 000 in NORC), ihr Energiebedarf liegt zwischen 20 und 100 Kilowatt (200 bei ENIAC und NORC), sie stellen Kapitalinvestitionen von je ½ bis 1½ Millionen Dollar dar (etwas mehr bei NORC). Die heute meistverwendeten Speichermethoden sind diese: Akustische Transitspeicher (0,3–1 Millisekunde Zugangszeit, bereits etwas veraltet), elektrostatische (Kathodenröhren) Speicher (20–8 Mikrosekunden Zugangszeit, etwa nach dem System von F. C. Williams), Ferritspeicher (in den neueren Formen 15–8 Mikrosekunden Zugangszeit). Dies sind die „inneren“ Speicher. Als Hilfs- (Sekundär-) Speicher werden meistens magnetische Trommeln und Streifen verwendet.

Die Bedienungsorganisation einer solchen Maschine erfordert etwa 3 bis 5 Ingenieure und Mechaniker (für 2½- bis 3-Schichten-Betrieb, was in jeder Hinsicht – insbesondere für dauernde operative Überwachung und Instandhaltung – das Zweckmäßigste ist), 2 oder 3 Mathematiker und 10 bis 20 Coder – also insgesamt 15–30 Leute. Hierbei sollte beachtet werden, daß bei etwa 80 produktiven Wochenstunden (was bei 100 Gesamtstunden = 2½ Schichten nach einiger Erfahrung mit diesen Maschinentypen durchaus erreichbar ist) die Spitzenklasse der obigen Maschinen (ausschließlich NORC!) etwa 80 000mal mehr leistet als ein (mit einer elektrischen Büro-Multipliziermaschine versehener, 40 Wochenstunden arbeitender) Mensch.

Bei NORC ist dieser Faktor wohl 400 000. Dies mit der obengenannten Belegschaft von 30 Mann vergleichend ergibt sich somit eine Erhöhung des menschlichen Wirkungsgrades um einen Faktor von etwa 2700 (13 000 bei NORC). Natürlich ist hierbei die obenerwähnte Kapitalinvestition auch im Auge zu behalten. All dies sind aber, wie gesagt, Spitzenleistungen, ein 10- bis 20mal kleinerer Aufwand mit weniger extremen Maschinentypen und wohl etwas mehr als proportional verringerter Leistung ist auch möglich.

All dies ist die Entwicklung der letzten 8 Jahre. Ich glaube, daß die nächsten 5 bis 8 Jahre wohl eine Verzehnfachung der Leistung pro Maschine und mindestens eine Verzehnfachung der Anzahl der Maschinen mit sich bringen werden. Ich glaube nicht, daß sich bei dieser höheren Leistung der Preis der Einzelmaschine mehr als verdoppeln wird, vielleicht wird es sogar umgekehrt zu relativ wesentlichen Verringerungen kommen.

Es ließe sich noch vieles über den Maschinenbetrieb sagen: Über das dem Planen vorangehende Abschätzen der Maschinen- und Zeit-Anforderungen eines „anschaulich" gegebenen Problems, das Planen, das Coden, das Ausnützen der vorhandenen Maschinenkapazität, das Umformen des Problems, wenn diese Kapazität in Hinsicht irgendeiner der gültigen Beschränkungen überschritten wird usw. usw. Auch ist das Erkennen von Fehlern und ihre Isolierung und Richtigstellung sowohl im Code als in der operativen Maschine wichtig, oft verzwickt und dabei recht interessant. Ich will aber auf all dies hier nicht eingehen. Vielleicht werden Sie einiges hiervon noch in der Diskussion herausbringen wollen.

# Rechenautomaten im Dienste der Technik

## Erfahrungen mit dem Zuse-Rechenautomaten $Z_4$

Professor Dr. math. *Eduard Stiefel*, Zürich

Im folgenden sei ausschließlich von digitalen Rechenautomaten die Rede, die also wie Tischrechenmaschinen als einzige arithmetische Fähigkeit haben, die vier Grundoperationen auf ziffernmäßig dargestellte Zahlen ausüben zu können. Ob diese Zahlen dezimal oder dual dargestellt werden, ist eine interne Angelegenheit der Maschine, die für das Arbeiten mit ihr gleichgültig ist. Von einem Automaten sprechen wir, wenn die Aufeinanderfolge der einzelnen Rechenoperationen automatisch von einem Leitwerk gesteuert wird, welches das Rechenprogramm abtastet. Letzteres enthält die einzelnen von der Maschine auszuführenden Befehle, die vom Mathematiker vorbereitet worden sind und zum Beispiel auf einem Lochstreifen festgehalten werden. Im übrigen wollen wir die Struktur und Organisation eines Automaten als bekannt voraussetzen[1] und ebenso seine Einzelteile (Rechenwerk, Leitwerk, Speicherwerk, Ein- und Ausgang für Zahlen und Befehle).

Es liegt auf der Hand, daß ein Automat der beschriebenen Art absolut reproduktiven Charakter hat. Die Vorbereitung des Rechenprogramms durch den Mathematiker braucht meistens ein Mehrfaches an Zeit und Denkarbeit, welche die einmalige Durchführung der Rechnung von Hand benötigen würde, und bürdet ihm – den wir hinfort *Programmierer* nennen wollen – häufig infolge allzu primitiver Organisation des Rechenwerks noch zusätzliche Arbeit auf. Ein Automat kann daher nur dann wirtschaftlich eingesetzt werden, wenn ein und dasselbe Rechenprogramm für mindestens einige Rechentage benutzt werden kann. Nun wird ohne Zweifel jedes Recheninstitut Routine-Aufträge erhalten, die diesem Wunsch entsprechen. Als Beispiel sei etwa das Auflösen von linearen Gleichungen oder die Berechnung von Flugbahnen genannt. Das Recheninstitut wird im Laufe seiner Tätigkeit eine Bibliothek von Programmen einrichten, die den immer

[1] *H. Rutishauser, A. Speiser, E. Stiefel:* Programmgesteuerte digitale Rechengeräte. Mitteilungen aus dem Institut für angewandte Mathematik der Eidgenössischen Technischen Hochschule, Nr. 2, 1951 (Verlag Birkhäuser, Basel).

wiederkehrenden Aufträgen gerecht wird. In einer solchen Situation ergibt der Automat höchsten Nutzeffekt, und die hohe elektronische Rechengeschwindigkeit kann wirklich ausgenutzt werden. Es scheint, daß in den Vereinigten Staaten diese Arbeitsweise die normale ist, indem zahlreiche Automaten zur Verfügung stehen und bereits die einzelne Maschine hinsichtlich der bearbeiteten Probleme spezialisiert ist.

Die Dinge sehen aber ganz anders aus, wenn – etwa wie in der Schweiz – für die mathematischen und technischen Rechnungen eines Landes nur ein Automat zur Verfügung gestellt werden kann. Die Probleme wechseln dann häufig und oft innerhalb eines Tages; gewisse Rechnungen sind nur einmal oder nur versuchsweise auszuführen, und das Institut muß sowohl Routine-Aufgaben als auch die subtilsten numerischen Untersuchungen speditiv ausführen können. Das Programmieren nimmt dann Zeit und Kräfte der qualifizierten Mitarbeiter zu sehr in Anspruch, und es besteht die Gefahr, daß die Programmierer durch die Maschine dauernd gehetzt werden. Dies insbesondere dann, wenn im Institut nur beschränkt Personal eingestellt werden kann.

In der Schweiz hat das Institut für angewandte Mathematik der Eidgenössischen Technischen Hochschule seit 1950 seine wichtigste Aufgabe darin gesehen, das programmgesteuerte Rechnen für die schweizerische Industrie und Technik dienstbar zu machen. Es hat sich dabei gezeigt, daß die obengenannten Schwierigkeiten nur vermieden werden konnten, wenn Ingenieure und Wissenschaftler mit normaler mathematischer Hochschulbildung ihre Rechenprogramme selbst machen können. Diese Regelung hat dann außerdem den Vorteil, daß ein enger Kontakt zwischen dem Auftraggeber und dem Institut geschaffen wird. Sie ist natürlich nur durchzuführen, wenn die Organisation des Automaten so klar und einfach ist, daß das Programmieren für den von außen kommenden Ingenieur nicht als eine komplizierte Meta-Mathematik erscheint, die er ablehnt, und zwar mit Recht. Glücklicherweise erfüllte der von der Firma *Zuse* im Jahre 1950 gelieferte Relais-Automat diesen Wunsch in beträchtlichem Ausmaß, wie überhaupt Zuse seine Rechengeräte im Hinblick auf die Anwendung in der täglichen Praxis des Ingenieurs konzipiert hat und sich nicht nur darauf beschränkt hat, eine Einrichtung zu bauen, die schnell addiert und multipliziert, aber sonst nicht viel mehr leistet.

Wir haben uns auch bei der Planung unseres neuen Rechenautomaten „Ermeth“ von diesen Gesichtspunkten und den guten Erfahrungen mit der Zuse-Maschine leiten lassen und folgende Forderungen aufgestellt.

1. Das *Rechenwerk* soll (im Gegensatz zu einer Tischrechenmaschine) Zahlen jeder Größenordnung bearbeiten können, damit es vermieden wird, daß die Größenordnung eines Resultats zum voraus bekannt sein oder probeweise von Hand errechnet werden muß. Jede Zahl Z soll also mit „gleitendem Komma“

$$Z = a \cdot 10^{\alpha}$$

durch Mantisse a und Exponent $\alpha$ dargestellt werden. Für $\alpha$ haben wir den Bereich

$$-199 \leqq \alpha \leqq +199$$

festgesetzt.

In der ganzen Maschine wird ausschließlich das Dezimalsystem verwendet.

2. Die Arbeit des *Programmierers* soll dadurch erleichtert werden, daß er die einzelnen mathematischen und logischen Befehle unverschlüsselt in ihren klassischen mathematischen Bezeichnungen durch Betätigung von Tasten lochen kann. Jeder „Code“ ist zu vermeiden. Was mathematisch sinnvoll ist, muß auch für die Maschine sinnvoll sein; mit anderen Worten, es darf keine „verbotenen“ Folgen von Operationen oder Befehlen geben.

3. Die Maschine hat ein einziges *Speicherwerk*. (Jeder zusätzliche „Schnell“- oder „Puffer“-Speicher verkompliziert das Programmieren.)

4. Die Liste der *Befehle*, welche die Maschine ausführen kann, ist nach progressiver Schwierigkeit zu disponieren. Es soll möglich sein, daß ein Benutzer von außen mit Hilfe von einigen wenigen Befehlen sein Problem meistern kann. Diese sind im wesentlichen: Arithmetische Befehle, Speicher- und Ablesebefehle, bedingter und unbedingter Sprung auf Unterprogramme, Druck-, Loch- und Abtastbefehle. Von dieser elementaren Organisation ist getrennt die höhere Organisation, die dem Personal des Instituts vorbehalten bleibt. Sie umfaßt: Verwendung von indizierten Adressen und Indexregistern, Rechnen mit Adressen, Berechnung von Programmen.

5. Die Maschine ist so zu organisieren, daß sie zur Vereinfachung der Programmierungsarbeit auch *Rechenpläne berechnen* kann[2]. Es soll also zum Beispiel möglich sein, ein vorliegendes für reelle Zahlen gültiges Rechenprogramm automatisch so zu modifizieren, daß auch komplexe Zahlen richtig verarbeitet werden.

6. Die äußere Bedienung der Maschine am Schaltpult muß einfach und übersichtlich sein. Ein ablösender Bedienungsmann soll durch wenige Hand-

[2] *H. Rutishauser:* Automatische Rechenplanfertigung bei programmgesteuerten Rechenmaschinen. Mitteilungen aus dem Institut für angewandte Mathematik der Eidgenössischen Technischen Hochschule, Nr. 3, 1952 (Verlag Birkhäuser, Basel).

griffe den Ablauf eines neuen Problems einleiten können, ohne daß er auf den Zustand der Maschine im Moment der Ablösung zu achten hat.

7. Die durch die internen Kontrollen der Maschine aufgedeckten Rechenfehler werden eingeteilt in schwere, die ein Anhalten des Automaten bewirken, und leichte (sporadische), die nur durch einen besonderen Fehlerzähler gezählt werden und normalerweise durch programmierte Repetition der betreffenden Teilrechnung ausgemerzt werden.

Selbstverständlich kann man zusätzlichen technischen Aufwand in einer Maschine vermeiden, indem man sogenannte feste Unterprogramme einführt. Rechnet zum Beispiel ein Automat im Dualsystem und soll ein Resultat in dezimaler Form erscheinen, so besteht diese Umwandlung in einer Kette von arithmetischen Operationen, die nach einem festen Rechenprogramm durch Rechnen im Dualsystem ausgeführt werden können. Dieses Unterprogramm muß dann jedesmal automatisch aufgerufen werden, wenn ein Resultat der Außenwelt mitgeteilt werden soll. Besitzt eine Maschine keine technischen Einrichtungen für das in 1. genannte gleitende Komma, so kann auch dies programmiert werden.

Es ist jedoch aus zwei Gründen nicht angezeigt, in dieser Richtung zu weit zu gehen. Erstens reduziert jedes feste Programm, das ja im Automaten gespeichert sein muß, die Kapazität dieses Speichers und zweitens kommt es dann so weit, daß der Automat im größten Teil seiner Zeit logische statt arithmetische Operationen ausführt. Er interpretiert, modifiziert und iteriert Befehle, schaltet Programme ein und aus und sucht seinen Weg durch die ineinandergeschachtelten Schleifen der Rechenstrukturen, aber er rechnet selten. In konsequenter Verfolgung dieses Gedankens der Einsparung technischer Ausrüstung und deren Ersetzung durch eine Hierarchie von Programmen kommt man schließlich zu einem Gerät, bestehend aus einem amorphen Haufen von Elektronenröhren oder anderen Schaltelementen, in welchem sogar die Addition einstelliger Zahlen programmiert werden muß.

Die Rechenautomaten haben uns das numerische Rechnen abgenommen, uns aber dafür die noch viel langweiligere Arbeit des Programmierens gebracht. Meine Erfahrungen, die ich mit dem Zuse-Automaten gemacht habe, zeigen eindeutig, daß die Vereinfachung der letzteren Tätigkeit von großer Wichtigkeit ist, wenn die Automaten in Industrie und Technik Eingang finden sollen. Ein erster Schritt auf diesem Wege wäre, daß die verschiedenen Rechen-Institute über die Terminologie des Programmierens auf internationaler Basis entsprechende Vereinbarungen treffen.

Abb. 1

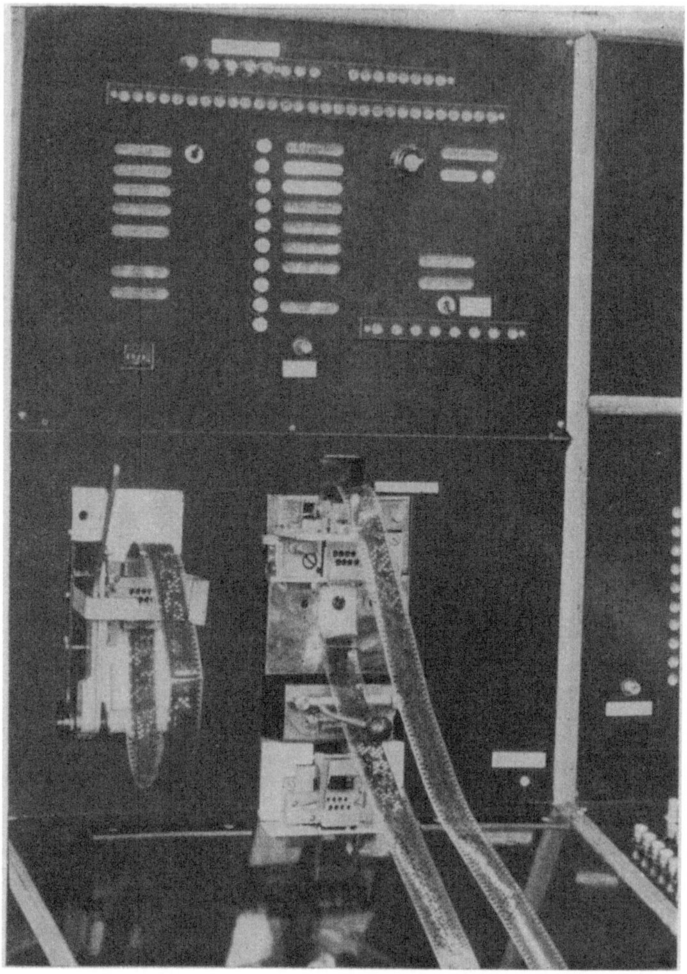

Abb. 2

Noch ein Wort über die Geschwindigkeitsverhältnisse! Die eigentliche Rechengeschwindigkeit muß ausgewogen sein mit der Geschwindigkeit des Verkehrs mit der Außenwelt, also mit dem Lochen und Abtasten. Als Beispiel sei das Auflösen eines linearen Gleichungssystems genannt, das so groß ist, daß die Gleichungsmatrix nicht im inneren Speicherwerk Platz hat. Man muß sie dann in Untermatrizen zerschlagen, von denen jede vollautomatisch invertiert wird. Das Eingeben dieser Untermatrizen in den Automaten beeinflußt dann die Zeit für die Erledigung des Problems erheblich.

Man kann leicht Beispiele konstruieren, wo ein Automat mit elektronischer Höchstgeschwindigkeit im Rechenwerk dann im Nachteil ist gegenüber langsameren Maschinen, wenn er nur über einen bescheidenen Ein- und Ausgang (etwa eine einzige „Teletype"-Einrichtung) verfügt.

Die in der Kinderzeit der Entwicklung von Rechenautomaten etwa gehörte Meinung, ein sehr rascher Automat sei dank dieser Geschwindigkeit auch brauchbar, wenn er nur in einem kleinen Teil seiner Betriebszeit richtig rechne, wird heute kaum jemand teilen; in der Tat bewirkt jedes Versagen eines Automaten Unordnung im Arbeitsplan des Personals. Auch bei Rechenmaschinen sollte Sicherheit wichtiger sein als Schnelligkeit.

Um über die Leistungsfähigkeit auch langsamer Automaten für die mathematischen Probleme in Physik, Chemie und Technik ein Bild zu geben, sollen im folgenden einige typische Probleme geschildert werden, die in meinem Institut erledigt worden sind. Bei einigen unter ihnen wird sich Gelegenheit bieten, Einzelheiten der Programmierung zu besprechen. Sämtliche Rechnungen wurden auf Zuses $Z_4$ ausgeführt und mehrere davon von Auftraggebern programmiert, die nicht dem Institut angehören. Gewöhnlich genügte etwa eine halbtägige Instruktion eines solchen fremden Programmierers, um ihm das Arbeiten mit der Maschine beizubringen, falls sein erstes Programm noch von einem Fachmann korrigiert wurde.

Es mag in diesem Zusammenhang von Interesse sein, daß die technische Hochschule neben der ordentlichen Professur für angewandte Mathematik einen Lehrstuhl gegründet hat, dem speziell der Unterricht im Einsatz von Rechenautomaten obliegt.

Abb. 1 ist eine Gesamtansicht der Zuseschen $Z_4$.

Im Vordergrund steht das Schaltpult; es enthält in seinem Mittelstück zwei Abtaster und einen Locher für die Lochstreifen, links die Tastatur zum Eingeben von Zahlen und ein Lampenfeld zum Ablesen von solchen. Der rechte Teil dient der Herstellung von Programmen; durch Betätigung der unten sichtbaren Tasten werden die Befehle auf einen Filmstreifen gelocht.

Hinter der elektrisch gesteuerten Schreibmaschine ist das Speicherwerk angebracht, das ursprünglich eine mechanische Konstruktion von Zuse war, später aber dann von uns durch ein elektronisches Speicherwerk ersetzt wurde. Rechts und im Hintergrund stehen die Schränke für Rechenwerk und Speicherwerk; die $Z_4$ verwendet als Schaltelemente gewöhnliche Telefon-Relais und Schrittschalter.

Abb. 2 zeigt die beiden Abtaster während des Durchrechnens eines mathematischen Problems. Im rechten Abtaster liegt das Hauptprogramm, auf welchem etwa ein Integrationsschritt zur Lösung einer Differentialgleichung programmiert ist. Der linke Abtaster verarbeitet ein Unterprogramm, und zwar das Ausziehen einer Wurzel auf iterativem Weg. Man beachte, daß dieses Programm eine endlose Schleife ist; ein einmaliger Umlauf desselben ergibt einen Iterationsschritt. Während die Rechnung automatisch abläuft, kann man nun folgendes Spiel beobachten. Sobald das Hauptprogramm an die Stelle kommt, wo eine Wurzel berechnet werden muß, bleibt es stehen und veranlaßt durch einen Sprungbefehl das Anlaufen des Unterprogramms. (Unbedingter Sprung.) Dieses macht so viele Umläufe, das heißt berechnet so viele immer bessere Annäherungen an den Wurzelwert, bis die Rechnung steht; dann nimmt das Hauptprogramm seine Arbeit wieder auf. (Bedingter Sprung.)

Alle größeren numerischen Probleme haben diese Struktur von ineinandergeschachtelten Rechenzyklen. Um nicht zu viele Abtaster haben zu müssen, ist man bei neueren Maschinen dazu übergegangen, alle Programme genau wie die Zahlen in einem elektronischen Speicher aufzubewahren, der etwa nach dem Prinzip der rotierenden Trommel mit magnetischer Schicht gebaut sein kann. Dasselbe Prinzip wird ja bei den bekannten Tonband-Geräten verwendet.

Die $Z_4$ ist eine außerordentlich betriebssichere Maschine. Im letzten Jahr hat sie in 80 % ihrer Betriebszeit korrekt an mathematischen Problemen gearbeitet; zum Unterhalt genügte ein halber Arbeitstag eines Technikers pro Woche.

Die von der $Z_4$ durchgerechneten technischen Probleme wollen wir einteilen in

*1. Auswertung expliziter Formeln* (Tabellierung von Funktionen)

Als Beispiel sei herausgegriffen das folgende von unserem chemischen Institut vorgelegte Problem. Bei der Infrarot-Spektroskopie organischer

Substanzen in Suspensionen bewirkt die Streuung des Lichts an den suspendierten Teilchen eine Extinktion (Auslöschung) der Bandenspektren[3]. Die mathematische Analyse des Vorgangs führt auf folgende Extinktionsfunktion von zwei unabhängigen Variabeln:

$$E\,(x,y) = 2-4 \int_0^1 e^{-xt} \cos\,(y\,t) \cdot t \cdot dt.$$

Die Programmierung für maschinelle Auswertung umfaßt

1. Hauptprogramm: Ein Integrationsschritt zur Berechnung des Integrals etwa nach der Simpsonschen Regel.

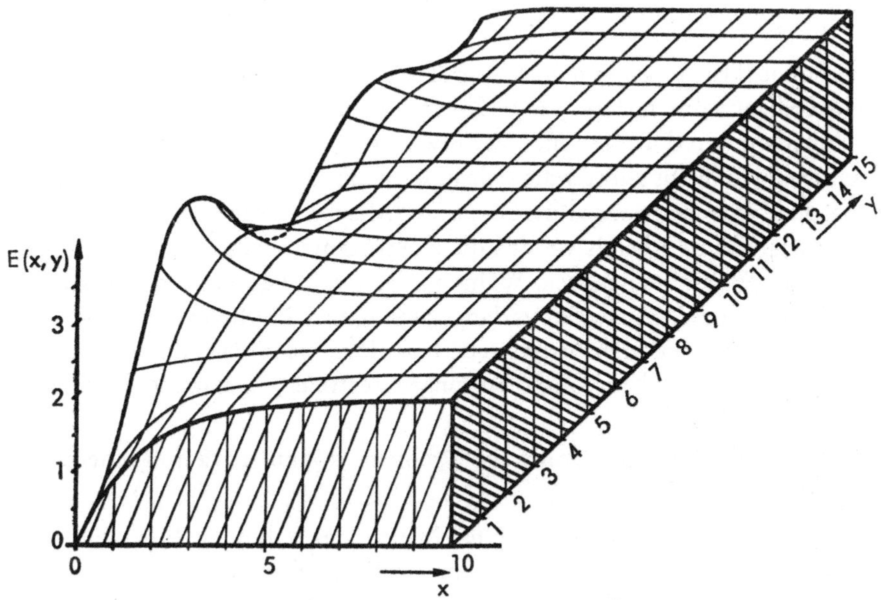


Abb. 3

2. Unterprogramm für die Berechnung der Eponentialfunktion.
3. Unterprogramm für die Berechnung des Cosinus.

(Auch elementare transzendente Funktionen werden bei Einsatz eines Automaten auf diesem berechnet und nicht etwa aus Tabellen abgetastet.)

[3] *H. Primas* und *Hs. H. Günthard:* Theorie der Form von Absorptionsbanden suspendierter Substanzen und deren Anwendung auf die Nujolmethode in der Infrarotspektroskopie (Helvetica Chimica Acta, 37, 1953).

Die Übergänge von einem Programm zum andern werden durch Sprungbefehle in diesen Programmen selbst geregelt.

Abb. 3 zeigt die Resultate in reliefartiger Darstellung. Zeitaufwand für die Programmierung: fünf Stunden, für die Rechnung: sechzig Stunden.

## *II. Auflösung algebraischer Gleichungen*

Die maschinelle Lösung einer solchen Gleichung n-ten Grades

$$P(x) = \sum_{k=0}^{n} a_k x^k = 0$$

muß natürlich so programmiert werden, daß alles vollautomatisch abläuft. Der Bedienungsmann muß nur die Koeffizienten $a_k$ am Anfang in die Maschine geben; dann berechnet sie ohne jede Einwirkung von außen eine Wurzel nach der anderen und bleibt selbständig stehen, wenn die n-te Wurzel auf der Schreibmaschine gedruckt worden ist. Derartige Arbeiten werden bei uns oft nachtsüber ausgeführt. Abends werden die Koeffizienten eingetastet und morgens dann die Wurzeln abgelesen. Während der Nacht befindet sich niemand im Institut. Diese Arbeitsweise verlangt automatische Sicherungseinrichtungen, die das Abschalten aller Stromkreise bewirken, wenn der Automat zu viele Fehler macht oder betriebliche Störungen auftreten. (Zusammenbrechen der Netz-Spannung.)

Eine rohe Programmierung des Problems könnte etwa folgendermaßen aussehen.

1. Hauptprogramm: Berechnung des Wertes des Polynoms P (x) und nachträgliche Vergrößerung von x um einen gegebenen Schritt h. Wiederholung dieses Programms.
2. Unterprogramm: Multiplikation des Schrittes mit (— 1/2). Wird ausgelöst, sobald zwei aufeinanderfolgende und nach 1. berechnete Werte von P (x) verschiedenes Vorzeichen haben. Dann zurück auf das Hauptprogramm.
3. Bedingtes Anhalten der Maschine, wenn der Wert von P (x) kleiner als eine gegebene Toleranz ist und Drucken von x.

Der Leser möge sich selbst davon überzeugen, daß mit diesen ineinandergeschachtelten Programmen die Maschine eine Zeit lang rechnet, die erste Wurzel druckt und dann stehenbleibt. Das Fortschreiten zu weiteren Wurzeln müßte durch ein weiteres Unterprogramm geregelt werden.

Tatsächlich wurden feinere Methoden verwendet[4], die auch beim Auftreten von komplexen Wurzeln noch funktionieren.

Die $Z_4$ braucht für die vollautomatische Auflösung einer Gleichung n-ten Grades durchschnittlich $1{,}25 \cdot n^2$ Minuten.

Wir haben ebenfalls für das chemische Institut zahlreiche Säkulargleichungen aufgelöst, die in der Quantentheorie des Molekülbaus auftraten[5]. Bei der Aufstellung dieser Gleichungen spielen die Symmetrien des Moleküls eine große Rolle und verlangen gruppentheoretische Rechnungen. Bei geeigneter Organisation kann ein Automat auch derartiges ausführen, also mit geometrischen Drehungen, Spiegelungen und Translationen rechnen statt mit Zahlen.

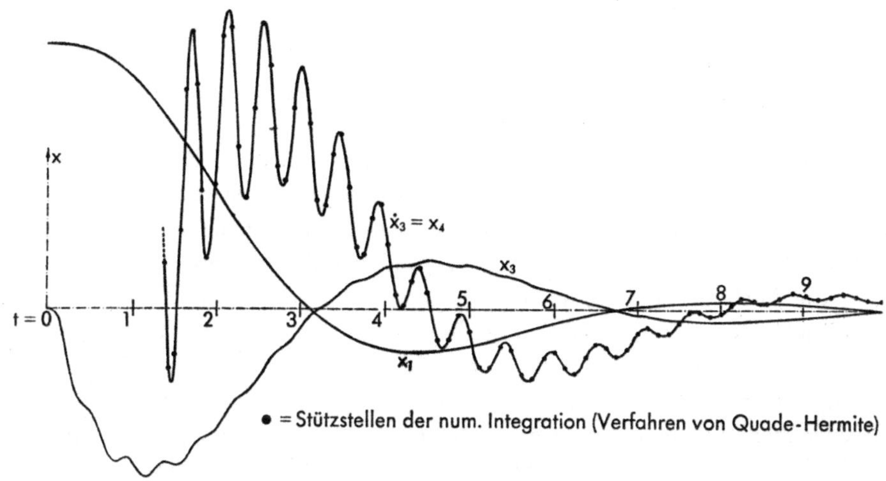


Abb. 4

## *III. Gewöhnliche lineare Differentialgleichungen,* speziell Stabilitäts-Untersuchungen

Dies ist das weite Feld der Regelungstechnik. Abb. 4 enthält die Integration des folgenden Systems für die sechs unbekannten Zeitfunktionen $x_1$ bis $x_6$, das bei einer Servo-Steuerung auftrat.

[4] *H. J. Maehly:* Zur iterativen Auflösung algebraischer Gleichungen (Zeitschrift für angewandte Mathematik und Physik, V, 1954).

[5] *R. W. Schmid* und *E. Heilbronner:* Zur Kenntnis der polarographischen Reduktion aromatischer Aldehyde (Helv. Chimica Acta, 37, 1954).

$$\begin{aligned} \dot{x}_1 &= x_2 & \dot{x}_4 &= f_2x_2 + f_3x_3 + f_4x_6 \\ \dot{x}_2 &= f_0x_2 + f_1x_3 & \dot{x}_5 &= f_5x_1 + f_6x_2 + c_7x_5 \\ \dot{x}_3 &= x_4 & \dot{x}_6 &= c_8x_5 + c_9x_6 \end{aligned}$$

Dabei sind $f_0$ bis $f_6$ und $c_7$, $c_8$, $c_9$ gegebene empirische Funktionen der Zeit, die zuerst durch Polynome approximiert werden mußten. $x_1$, $x_3$, $x_4$ sind graphisch dargestellt. Der Zeitaufwand betrug für die Durchrechnung des in der Figur Gezeigten (100 Integrationsschritte) 25 Stunden.

Derartige Aufgaben haben uns dazu angeregt, die Eignung der bekannten Methoden zur numerischen Integration von Differentialgleichungen für Rechenautomaten etwas zu prüfen. Es zeigt sich nämlich, daß viele klassische in den Lehrbüchern empfohlene Methoden zu numerischen Instabilitäten neigen[6], falls wirklich viele Integrationsschritte ausgeführt werden, was erst durch die Automaten möglich wurde. Das heißt, die numerische Lösung kann sich nach exponentiellen Gesetzen von der exakten Lösung entfernen, was natürlich die Beantwortung der Frage, ob der vorgelegte Regelkreis stabil ist, verunmöglicht.

Auf dem Gebiete dieser Servo-Aufgaben werden die Rechenautomaten konkurrenziert durch die *Integrieranlagen;* es sei daher noch ein Wort zur Abgrenzung dieser Gerätearten gesagt. Die vom Ingenieur so geschätzten Vorteile der Integrieranlage sind: Wegfall der Programmierungsarbeit; die in die Differentialgleichung eingehenden Data können leicht und schnell verändert werden. Ein Blick auf den Kathodenstrahl-Oszillographen, der die Lösungskurve abbildet, zeigt, wie diese Data verändert werden müssen, um stabile Verhältnisse zu haben. Dem steht aber der schwere Nachteil gegenüber, daß eine Integrieranlage nur solche Probleme lösen kann, für die die Zahl ihrer Integratoren ausreicht. Für das obige noch relativ einfache Problem braucht man zum Beispiel sechs Integratoren, zehn Multiplikatoren und zehn Tische zum Abgreifen gegebener Funktionen!

Es wäre aber wünschenswert, daß auch Rechenautomaten Zusatzgeräte zum Abtasten und Aufzeichnen von Kurven erhalten.

## *IV. Nichtlineare Differentialgleichungen*

Hier nenne ich nur die Berechnung von Geschoß-Flugbahnen; die $Z_4$ hat monatelang mit demselben Programm an solchen gerechnet.

[6] *H. Rutishauser:* Über die Instabilität von Methoden zur Integration gewöhnlicher Differentialgleichungen (Zeitschrift für angewandte Mathematik und Physik III, 1952).

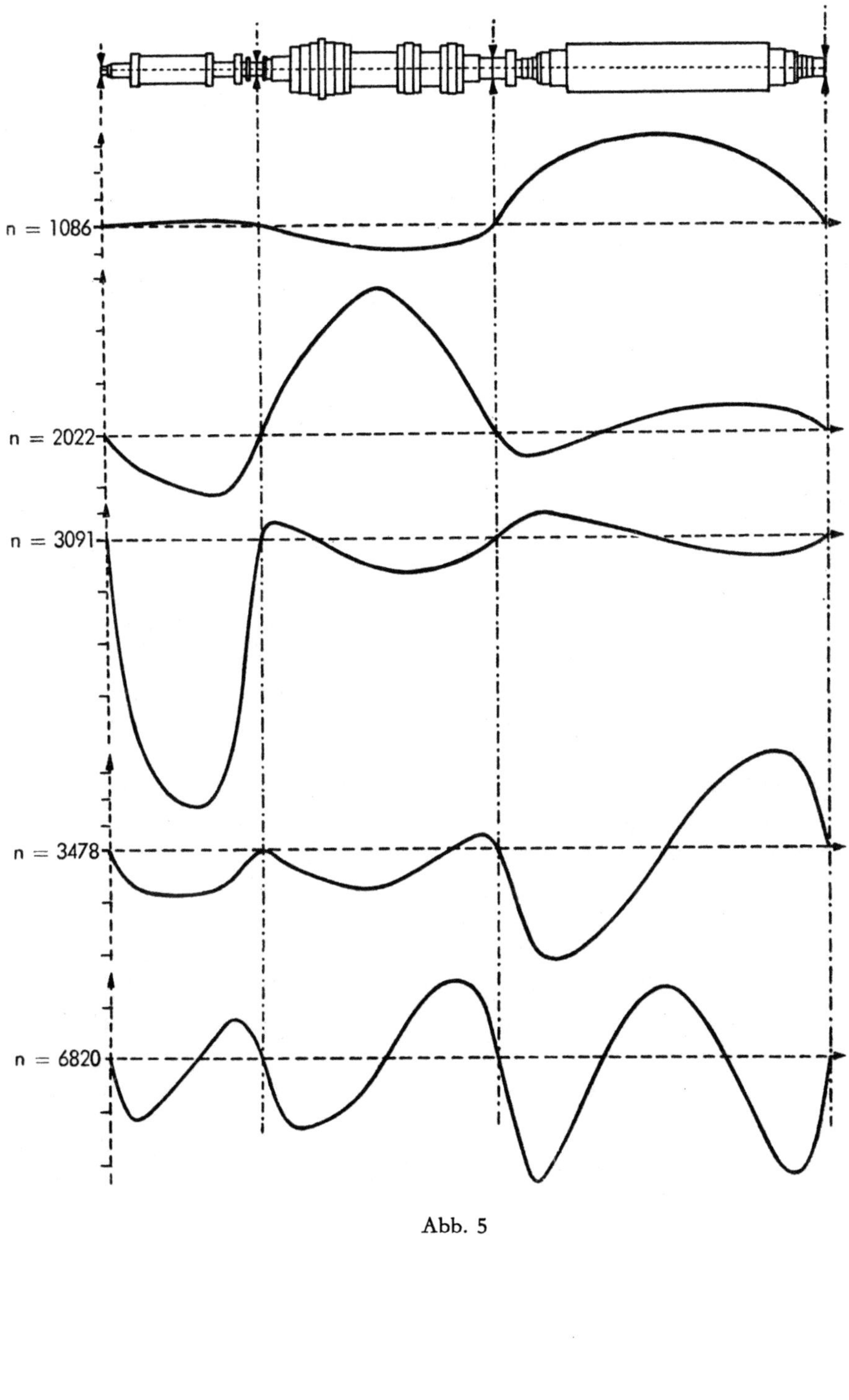


Abb. 5

## *V. Schwingungsprobleme, kritische Drehzahlen und Frequenzen*

Abb. 5: Kritische Drehzahlen einer mehrfach gelagerten Turbinenwelle, die im oberen Teil des Bildes gezeichnet ist.

Die Welle ist an den Enden und in zwei Zwischenlagern gelagert und die Arbeits-Drehzahl soll zwischen zwei kritischen Drehzahlen liegen. Es mußten daher die fünf ersten Frequenzen der Biegeschwingungen berechnet werden. Im unteren Teil des Bildes sind die zugehörigen Schwingungsformen dargestellt; man erkennt, daß jedesmal ein neuer Knoten hinzukommt.

Um hier sicher zu sein, wurde die genaueste mathematische Methode zur Bestimmung von Eigenwerten bei Differentialgleichungen benutzt. Sie besteht im wesentlichen[7] in der Bestimmung einer Folge $f_j(x)$ von elastischen Linien, welche die gesuchte Eigenschwingung immer besser approximieren. Dabei ist $f_{j+1}(x)$ die elastische Linie zur Belastungsfunktion $f_j(x)$. Bei Anwendung von Lochkartenmaschinen wird häufig ein etwas gröberes nach Rankin[8] benanntes Verfahren verwendet.

Zur Berechnung eines Satzes von fünf Frequenzen braucht die $Z_4$ etwa hundert Stunden. Das häufige Auftreten dieser Aufgabe hat die Ingenieure der auftraggebenden Firma veranlaßt, ein elektrisches Netzwerk zu bauen, das direkt Näherungswerte für die kritischen Drehzahlen liefert. Diese können dann auf dem Automaten verbessert werden, womit die noch kaum ausgenutzte Möglichkeit der Zusammenarbeit von Analogiegeräten mit digitalen Automaten aufgezeigt ist.

Das Institut für Mechanik unserer Hochschule hat auf der $Z_4$ Frequenzen der Biegeschwingungen verwundener Stäbe (Turbinenschaufeln) durchgeführt[9].

Sehr lohnend werden Automaten für die Flatterrechnungen im Flugzeugbau eingesetzt. Die $Z_4$ ist monatelang von einer schweizerischen Firma benutzt worden, um die kritischen Fluggeschwindigkeiten zu ermitteln, bei denen ein Flattern des Trag- oder Leitwerks eines in Konstruktion befindlichen Flugzeugtyps eintritt. Der Ansatz der numerischen Methoden,

[7] *L. Collatz:* Eigenwertaufgaben mit technischen Anwendungen (Leipzig 1949), speziell 4. Kapitel.

[8] *A. W. Rankin:* Calculation of the multiple-span critical speeds of flexible shafts by means of punched-card machines (J. appl. mech., 12, 1945) vgl. auch *H. Unger* und *H. W. Schäfer:* Berechnung kritischer Drehzahlen mehrfach gelagerter Wellen. (Mitt. Remington-Rand, Heft 159, 1954).

[9] *A. Troesch, M. Anliker, H. Ziegler:* Lateral vibrations of twisted rods (Quarterly appl. math., XII, 2, 1954).

das Programmieren und die konstruktive Verwendung der numerischen Resultate lag vollständig in den Händen von Mitarbeitern dieser Firma. Ein Bericht von *U. Hochstrasser* erscheint demnächst in der Zeitschrift für angewandte Mathematik und Physik.

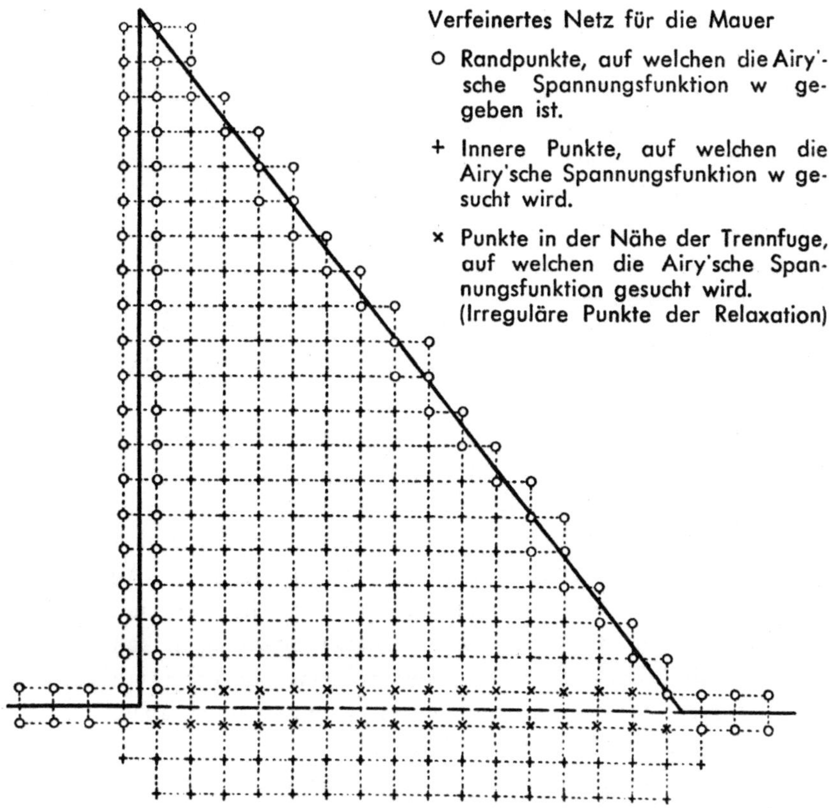


Abb. 6

## *VI. Partielle Differentialgleichungen*

Dies ist wohl das ureigenste Gebiet der digitalen Automaten, in dem sie nicht mehr durch Integrieranlagen, sondern höchstens durch Analogien in der Art elektrischer Netzwerke ersetzt werden können. Unser Institut hat hauptsächlich Erfahrungen in der Potential- und der Elastizitätstheorie beanspruchter Platten und Scheiben, während auf dem Gebiet der Strömungslehre weniger gearbeitet wurde. *Bild 6* greift als Beispiel die Berechnung der Spannungen in einer Gewichts-Staumauer heraus, die im Profil gezeigt ist. Das Problem kommt mathematisch darauf hinaus, die biharmonische Differentialgleichung

$$\frac{\delta^4 u}{\delta x^4} + 2 \frac{\delta^4 u}{\delta x^2 \delta y^2} + \frac{\delta^4 u}{\delta y^4} = 0$$

für die Airysche Spannungsfunktion u (x, y) zu lösen in einem Gebiet, das aus dem gezeichneten Profildreieck besteht und der ganzen unendlichen unteren Halbebene, die als Baugrund anderen Elastizitätsmodul als die Mauer hat. Dies führt auf Übergangsbedingungen längs der Fuge zwischen Dreieck und Halbebene. Als hübsches Beispiel für das Zusammenwirken von rein mathematischer und numerischer Analysis sei erwähnt, daß wir für die untere Halbebene die explizite *Boussinesq*sche Lösung des biharmonischen Randwertproblems verwendet haben, so daß das Problem darauf hinausläuft, so viele lineare Gleichungen aufzulösen wie Gitterpunkte in Abb. 6 gezeichnet sind.

Das Problem der maschinellen Auflösung derartiger partieller *Differenzengleichungen* hat einige theoretische Untersuchungen veranlaßt[10].

Ich schließe mit einem Beispiel über die Zusammenarbeit zwischen Automat und Modellversuch. Wird ein elastisches Material äußeren Beanspruchungen unterworfen, so gestattet eine photoelastische Aufnahme die Bestimmung der Differenz der Hauptspannungen in jedem inneren Punkt des Profils. Die noch fehlende Summe dieser Spannungen kann errechnet werden durch Lösung eines Randwertproblems der Potentialtheorie, das – im Gegensatz zur obigen Gleichung 4. Ordnung – nur auf eine partielle Differentialgleichung 2. Ordnung führt.

Weitere Arbeiten der $Z_4$ betrafen folgende Aufgaben: Störungsrechnungen in der Astronomie, Berechnung eines elektrischen Stoß-Generators, Strahlendurchgang durch optische Systeme, Ausgleichung von photogrammetrischen Streifenaufnahmen, harmonische Analysen, Berechnungen zur pneumatischen Förderung von Getreide. Orientierende Berechnungen für die Kon-

[10] *E. Stiefel:* Über einige Methoden der Relaxationsrechnung (Zeitschrift für angewandte Mathematik und Physik, Vol. III, 1952).

*E. Stiefel:* Relaxationsmethoden bester Strategie zur Lösung linearer Gleichungssysteme (Commentarii Math. Helvetici, 1954).

*U. Hochstrasser:* Die Anwendung der Methode der konjugierten Gradienten und ihrer Modifikationen auf die Lösung linearer Randwertprobleme (Diss. ETH Zürich, 1954).

struktion von Analogie-Rechengeräten[11] und für den neuen Rechenautomaten „Ermeth".

In den fünf Jahren der Anwendung von Zuses Maschine auf Probleme des Ingenieurwesens hat sich gezeigt, daß Automaten sehr nutzbringend helfen können, wenn ihre Bedienung nicht allzu geheimnisvoll ist. Die Auswirkungen lassen sich kurz so beschreiben:

1. Es werden Vorausberechnungen möglich, die früher nicht oder nur mit prohibitivem Zeitaufwand hätten durchgeführt werden können.
2. Kompliziertere technische Probleme werden der mathematischen Behandlung zugänglich.
3. Automaten können teilweise kostspielige Versuchsanordnungen ersetzen.
4. Die feinere Berechnung des Kräftespiels spart Material und Bauzeit für ein technisches Objekt.
5. Es müssen nicht mehr qualifizierte Mitarbeiter für längere numerische Rechnungen eingesetzt werden.
6. Die durch die Automaten bewirkten Fortschritte in der Grundlagenforschung (Plastizität, Stoßwellen) wirken sich indirekt auch auf die Technik aus.
7. Elektronische und magnetische Komponenten von Rechenautomaten lassen sich auch anderswo in der Nachrichten- und Servotechnik verwenden.

[11] *A. P. Speiser:* Rechengeräte mit linearen Potentiometern (Zeitschrift für angewandte Math. und Physik III, 1952).

*M. A. Abdel-Messih:* Tabellen zur Erzeugung von Funktionen einer und zweier Variablen mit linearen Potentiometern. Mitteilungen aus dem Institut für angewandte Mathematik der Eidgenössischen Technischen Hochschule Nr. 5, 1954 (Verlag Birkhäuser, Basel).

# Diskussion

*Professor Dr. phil. Guido Hoheisel*

Manche Probleme, zum Beispiel, wann eine Differentialgleichung auf Quadratur zurückführbar ist, hatten für den angewandten Mathematiker eine Bedeutung. Ich wollte fragen, ob derartige theoretisch bedeutsame Fragestellungen auch heute noch in der Praxis von Bedeutung sind, oder ob man die Programmierung heute sofort vornimmt, ohne auf solche theoretischen Erwägungen einzugehen.

*Professor Dr. John von Neumann*

Diese Frage ist sehr wichtig. Man kann, wenn man eine partielle Differentialgleichung hat und absolut nichts darüber weiß, wie weit sie mit analytischen Mitteln zu lösen oder zumindest zu vereinfachen ist, mangels tieferer Einsichten direkt und „gewaltsam" vorgehen, d. h. sie durch direkte arithmetische schrittweise Näherungsverfahren lösen. Wenn man aber eine analytische Lösung kennt, so kann man das schneller ausrechnen. Die analytische Einsicht macht u. U. den Unterschied, ob es 100 Stunden oder eine Stunde dauert oder vielleicht auch ob es zehn Milliarden Jahre oder fünf Minuten dauert. Also kann das durchaus entscheidend sein. Es ist aber auch richtig, daß, obwohl eine analytische Durchdringung immer wichtig ist, es unter Umständen noch auf ganz andere Nuancen ankommen kann bei den älteren (vor-maschinellen) Rechenmethoden. Anders ausgedrückt: Die Kriterien, auf Grund derer man ein Problem oder besser gesagt eine Auflösungsprozedur für ein Problem wertet, d. h. „schwer" von „leicht" unterscheidet, haben sich jetzt verschoben. Aber mathematisch-analytische Einsicht ist immer noch eines dieser Kriterien, in der Tat, sie ist wohl immer noch das wichtigste, aber sie ist nicht mehr in dem Maße überwiegend, wie sie es früher war.

*Professor Dr. phil. Guido Hoheisel*

Man hat früher nicht-lineare Systeme durch lineare approximiert. Wird man das heute auch noch tun oder wird man lieber die Programmsteuerung direkt auf das nichtlineare System abstellen?

*Professor Dr. John von Neumann*

Soweit man lineare Techniken gut beherrschte und die nicht-linearen nur sehr unvollkommen, war man in der Vergangenheit sehr darauf angewiesen zu linearisieren, gleichgültig ob dies als mathematische Näherung mehr oder weniger gerechtfertigt war. Nun gibt es Fälle, wo man durch Linearisierung recht viel verliert. In diesen Fällen wird man jetzt, wo man nunmehr auch einfach direkt „durchrechnen" kann, nicht mehr linearisieren. Aber das sind alles Fälle, bei denen man auch früher wußte, daß man eigentlich nicht linearisieren sollte.

*Professor Dr. phil. Ernst Peschl*

Ich möchte fragen: Wie groß ist das sinnvolle Minimum des Ausmaßes einer elektronischen Rechenmaschine? Hat es zum Beispiel einen Sinn eine Rechenmaschine alten Stils elektronisch umzukonstruieren. An sich müßte das doch gehen.

*Professor Dr. John von Neumann*

Das hängt sehr von der Rechenmaschine ab. Es ist bei vielen Maschinen möglich, Bestandteile, die später entwickelt wurden, der Maschine nachträglich anzugliedern. Es ist aber nie so wirksam, als wenn man von vornherein daraufhin geplant hat. Wenn ich Herrn Professor Stiefel richtig verstanden habe, hat er zum Beispiel einer Relaismaschine eine magnetische Trommel angegliedert. Eine Maschine, die ich gut kenne, die ENIAC, die vor acht Jahren gebaut wurde, wurde nachher mit allen möglichen Zusätzen versehen, zum Schluß sogar mit einem kleinen ferromagnetischen Speicher. Das geht, aber über ein gewisses Maß hinaus lohnt es sich natürlich nicht. Mit anderen Worten: Nachträgliche Verbesserungsmöglichkeiten bestehen, aber sie sind beschränkt. Wenn man zu viele Generationen von neuen Organen anhängt, kommt man zu Situationen wie beim Automobil, bei dem man nur den Motor, das Chassis und die Räder ersetzt hat. Die Objekte, die ich beschrieben habe, sind sehr große Maschinen. Es gibt aber bereits sehr viele Abarten von mittleren und kleinen Maschinen. Ich habe den Eindruck – er mag vielleicht nicht richtig sein –, daß man augenblicklich viel besser versteht, große Maschinen zu konstruieren als kleine.

*Staatssekretär Professor Leo Brandt*

Dann wird der Bau kleinerer Maschinen für unsere Ingenieure eine dankenswerte Aufgabe sein.

*Professor Dr. math. Eduard Stiefel*

Gegenwärtig werden Handmaschinen gebaut, die an Stelle des Zählerwerkes mit Röhren und anderen elektrischen Schaltern arbeiten nicht aber wegen der Geschwindigkeitserhöhung, sondern um kleine Speicher anschließen zu können, die auch bei der Handmaschine sehr erwünscht sind.

*Professor Dr· phil. Heinrich Kaiser*

Auf dem amerikanischen Markt werden kleine elektronische Rechenmaschinen für Spezialaufgaben angeboten. Z. B. baut die Consolidated Engineering Company eine Maschine, mit der man lineare Gleichungssysteme lösen kann. Solche Maschinen sind sehr nützlich bei der Auswertung von analytischen Messungen in der Massenspektrometrie oder auch in der Molekülspektroskopie. Wahrscheinlich sind die Maschinen nach demselben Prinzip gebaut, haben aber nur ein festgelegtes Programm und sind deshalb billiger.

Ich habe dann noch eine Frage, die mein eigenes Arbeitsgebiet betrifft und die sich auf Analogierechenmaschinen bezieht. Wir haben uns überlegt, ob es nicht möglich wäre, die Schwingungsverhältnisse in komplizierten organischen Molekülen, die man sehr schwer rechnen kann, durch elektrische Analoga nachzubilden. Man könnte diese elektrischen Modelle mit vergrößertem Zeitmaßstab bauen, und man könnte sie dann mit einem Schwebungssummer durchmessen und auf einem Oszillographenschirm unmittelbar die Schwingungsfrequenzen und vielleicht sogar die Intensitäten ablesen. Dafür genügten verhältnismäßig grobe Modelle. Es wäre aber sehr wichtig für die ganze Konstitutionsforschung, man könnte sehen, wie die Moleküle gebaut sind, man könnte an ihnen herumbasteln und sie irgendwie verändern. In einer Diskussion, die vor zwei Jahren in einem Kreis von Infrarotspektroskopikern stattfand, erregte diese Frage allgemeines

Kopfschütteln. Dann wurde mir gesagt, mit elektrischen Netzwerken könne man komplizierte räumliche Gebilde nicht nachbilden, sondern nur lineare. Leider reichte die bei mir „gespeicherte Mathematik“ nicht aus, um diese Frage sofort beurteilen zu können, so ist sie offen geblieben.

*Professor Dr. John von Neumann*

Die Consolidated-Maschine ist, wenn ich nicht irre, eine echte Analogiemaschine, wobei die linearen Gleichungssysteme im wesentlichen durch ein elektrisches Netzwerk-Analogon gelöst werden. Ich glaube, daß sich diese Maschine nicht zweckmäßig in eine Ziffernmaschine einordnen läßt, umso mehr, als – falls man gewillt ist, die Kosten der Ziffernmaschine zu akzeptieren – die letztere das lineare Gleichungssystem ohne weiteres selber lösen kann.

Wie ich bereits erwähnte, ist der Preis einer großen Rechenmaschine heute in den Vereinigten Staaten $1/2$ bis $1 1/2$ Millionen Dollar. Ich glaube, daß unter den Preis- und Arbeits-Verhältnissen von England und von Schweden, wo ähnliche Projekte durchgeführt wurden, die amerikanischen Kosten etwa zu halbieren sind. Es gibt am amerikanischen Markt jetzt auch kleinere Maschinen für etwa 30 000 bis 200 000 Dollar -- ich nehme an, daß die europäischen Preise auch hier etwa die Hälfte sein werden. (Dies ist in einem möglichen Vergleichsfalle, Frankreich–Vereinigte Staaten, den ich kenne, einigermaßen bestätigt.) Diese kleineren Maschinen sind zumeist Ziffernmaschinen, die weniger hohe Geschwindigkeiten haben und anstatt des sehr empfindlichen elektrostatischen Speichers oder des noch recht neuen Ferritspeichers wesentlich einfachere und bereits voll entwickelte magnetische Trommelspeicher benutzen. Von diesen ist zu sagen, daß sich bisher ein einheitlicher Typ viel weniger herausgebildet hat. Sonderbarerweise ist es gerade die teuerste Klasse der ganz großen Maschinen, wo zum Beispiel eine Firma (IBM) heute bereits 18 identische Maschinen gebaut hat. Bei den kleineren Maschinen ist eine derartige Standardisierung noch nicht zustande gekommen.

Zu der letzten Bemerkung: Die elektrischen Analoga, auf die Sie Bezug nehmen, existieren, einerlei ob das Molekül 1-, 2- oder 3dimensional ist. In der Tat, in jedem dieser Fälle handelt es sich um ein oscillator-artiges klassisch-mechanisches System mit vielen Freiheitsgraden – für dieses sucht man ein Modell und für dieses liefert ein (lineares) elektromagnetisches Netzwerk (mit Widerständen, Induktionen und Kapazitäten) generisch ein Modell. Ferner kann ich mir wohl denken, daß ein organischer Chemiker, der ganz genau weiß, welche Art von Problemen ihn in den nächsten fünf Jahren beschäftigen werden, ein derartiges Analogiegerät ebensogut (oder vielleicht sogar etwas besser) benützen kann als eine schnelle Ziffernmaschine. Aber er muß es äußerst genau wissen. Der große Vorteil der Ziffernmaschine ist, daß, wenn man sie sich für ein Problem angeschafft hat und dieses Problem erledigt ist oder sich geändert hat, man sie auch für andere oder für geänderte Probleme benutzen kann. Also: Es ist meistens möglich, bei einem Problem, das man sehr gut verstanden hat und bei dem man sicher ist, daß der Problemtypus jahrelang unverändert und unverändert wichtig bleiben wird, eine auf diesen Problemtypus eigens zugeschnittene Spezialmaschine zu bauen, die wohl eine Analogiemaschine sein mag. Aber die Ziffernmaschinen haben den Vorteil, daß sie einen viel weiteren Problemkreis umfassen und daß man sicher sein kann, daß auch dann, wenn sich das Problem ändert, die Maschine nützlich sein wird. Lediglich aus diesem Grunde glaube ich, daß die Ziffernmaschine auch bei diesen Molekularproblemen überlegen ist – obwohl es Spezialsituationen geben mag, die ich hier nicht mit erfaßt habe.

*Professor Dr. rer. techn. Alwin Walther*

Zum Auflösen von linearen Gleichungssystemen in der Massen-Spektroskopie und in der Infrarot-Spektroskopie gibt es beispielsweise das Analogiegerät CEC 30–103 der Consolidated Engineering Corporation (CEC) in Pasadena/Californien. Es liefert die Unbekannten von maximal 12 Gleichungen mit vierziffrigen Koeffizienten und rechten Seiten nach dem Iterationsverfahren von Gauß-Seidel schnell und bequem durch Potentiometer-Abgleich. Mehrere Mitarbeiter meines Instituts haben sich bei der Badischen Anilin- und Sodafabrik (BASF) in Ludwigshafen für 6 Gleichungen mit 6 Unbekannten von der guten Arbeitsweise überzeugt. Umso erstaunter war ich, von der Herstellerfirma zu erfahren, daß die Produktion als zu speziell eingestellt worden sei.

Vielleicht aber ist diese Tatsache charakteristisch. Man kann verhältnismäßig leicht Analogiegeräte auf Grund elektrischer Netzwerke für 4 oder 5 oder 6 Gleichungen, auch bis zu 12 Gleichungen bauen. Ich bin aber nicht sicher, ob sie sich wirklich lohnen. Denn bei so wenigen Unbekannten kommt auch eine etwas geübte Rechnerin mit der gewöhnlichen, ziffernmäßig arbeitenden Rechenmaschine nach dem modernisierten Gaußschen

Algorithmus leicht und rasch durch. Diese Möglichkeit ist längst nicht bekannt genug und wird von der Praxis nicht entfernt ausgenützt, obwohl der zusätzliche Vorteil besteht, daß gewisse physikalische Schwierigkeiten umfangreicher Analogiegeräte wie Temperaturabhängigkeit von selbst vermieden werden.

Recht aussichtsreich erscheinen mir ziffernmäßige elektronische Rechenautomaten mit dem speziellen Programm des Auflösens linearer Gleichungssysteme. Zwar ist die Maschine von C. L. Perry für 300 Gleichungen mit 300 Unbekannten im Atomlaboratorium in Oak Ridge, wie er mir soeben auf dem Amsterdamer Internationalen Mathematiker-Kongreß mitteilte, wieder abgebaut worden. Man läßt – genau im Sinne der Ausführungen von Herrn von Neumann – solche großen Probleme lieber von universell verwendbaren Rechenautomaten bearbeiten und ärgert sich nicht mit langen Magnetbändern eines Spezialgerätes herum. Für den Tagesbedarf beispielsweise des Spektroskopikers aber bin ich gespannt, ob nicht ein kleiner Ziffernautomat für etwa 10 oder 20 Gleichungen am besten sein wird. In dieser Richtung liegt beispielsweise die von J. P. Walker jr. in der ausgezeichneten Zeitschrift „Mathematical Tables and other Aids to Computation" 7 (1953) 190–195 beschriebene Maschine mit Magnet-Trommelspeicher.

### *Professor Dr. John von Neumann*

Ich kenne zufällig zwei Fälle, bei denen man die Geschichte einer bestimmten Spezialmaschinengattung in den Vereinigten Staaten verfolgen kann. Die eine ist eine sehr große Analogiemaschine, die man zur Erforschung von großen elektrischen Starkstromnetzen benutzte. Diese hat man jahrzehntelang benutzt und man war dabei recht erfolgreich. Wenn man aber alle Fragen berücksichtigt, Kosten usw., so ist eine solche Analogiemaschine heute bereits teurer als eine geeignete große Ziffernmaschine, die es bestimmt schneller machen wird und mit weniger Quälerei. Hier hat man daher ein Gebiet, auf dem man in diesem Falle die Analogiemaschine sehr gut durcharbeiten konnte und bei dem man die hohen Kosten nicht scheute. Aber zum Schluß ist es doch sehr schwierig, mit einer Ziffernmaschine zu konkurrieren. Der zweite Fall ist der der Auswertung von Laue-Diagrammen, d. h. von Röntgen-Interferenzdiagrammen zur Kristallstrukturbestimmung. Hier handelt es sich um das Durchführen von Fouriertransformationen (in der Regel von recht vielen). Für diesen Zweck (Fouriertransformation) sind Spezialmaschinen (Analogiemaschinen verschiedener Arten) gebaut worden. Einige sind recht erfolgreich benutzt worden. Trotzdem geht es mit einer großen Ziffernmaschine, sobald zusätzliche Schwierigkeiten (Wärmebewegung, zusätzliche chemische Strukturinformation usw.) hinzukommen, wesentlich besser.

*Professor Dr. rer. nat. Heinrich Behnke*

Ich glaube, es wäre jetzt an der Zeit, daß wir versuchen, uns einen Überblick über die in Betrieb und im Bau befindlichen großen Rechenautomaten zu verschaffen. Vor 5 Jahren gab es ganz wenige, die schon in Betrieb waren. In Harvard University war der von Aiken konstruierte Automatic Sequence Controled Computer, dann gab es vor allem in Philadelphia den von Eckert und Mauchley konstruierten wohlbekannten ENIAC (Electronic Numerical Integrator and Computer), der wegen seiner Leistungen erhebliches Aufsehen erregte. Insgesamt mögen es damals nicht mehr als etwa 5 Maschinen gewesen sein. Inzwischen ist die Zahl wesentlich vergrößert. Und auch auf dem europäischen Kontinent sind die ersten Rechenautomaten in Tätigkeit getreten. So läuft schon längere Zeit in Zürich die sogenannte Zuse-Maschine, die Zuse noch im Kriege im Allgäu konstruiert hatte. Von Herrn Stiefel hörten wir, daß inzwischen in Zürich eine leistungsfähigere gebaut wird. Aber auch bei uns in Westdeutschland sind Maschinen im Bau und zwar in Göttingen, Darmstadt und München. Versuchsmaschinen laufen in Göttingen sogar schon seit längerer Zeit. Wir können also hoffen, daß die deutsche Kapazität an Großrechenanlagen auch stark zunimmt.

Doch gibt es in Deutschland einen Engpaß. Das ist der Mangel an Mathematikern, die auf dem Gebiete des Maschinenrechnens produktiv tätig sind. Die mathematische Forschung hat in Deutschland immer einen besonderen Zug ins Abstrakte gehabt. Das war sogar ihre Stärke. Nun aber benötigen wir plötzlich Forscher, die sich ganz dem Maschinenrechnen zuwenden. Die werden wohl mehr und mehr aus der jüngsten Generation kommen müssen. Das geschieht aber vorläufig nicht von selbst, weil die angewandte Mathematik an der Universität noch viel zu wenig gelehrt wird. Die an Begabung hervorgehobene akademische Jugend wird – soweit ich sehe – nahezu ausschließlich von der reinsten Theorie angezogen und in Stellungen verwandt, die höchstens zusätzlich „die lästige Pflicht“ nach sich ziehen, sich teilweise mit angewandter Mathematik zu beschäftigen. In der Forschung bleibt auch heute noch die „jeunesse dorée“ der reinen Mathematik verbunden.

Wenn wir im Gebiete der Rechengiganten am wissenschaftlichen Fortschritt der Welt beteiligt sein wollen, so muß auch die durch Leistung und Gaben hervorgehobene mathematische Jugend dafür begeistert werden können.

*Professor Dr. rer. techn. Alwin Walther*

Für die Nationale Rechenzentrale in Rom (Istituto Nazionale per le Applicazioni del Calcolo) soll in diesen Wochen der Rechenautomat Nr. 4 der englischen Firma Ferranti Ltd. in Manchester geliefert werden. Nr. 5 steht schon in der Shell-Forschungsanstalt in Amsterdam und wird dort nach dem Transport aus England soeben neu zusammengebaut. Diese Anstalt hat übrigens meines Wissens 800 Mitarbeiter, darunter 300 Akademiker. Sie ist also ein leuchtendes Beispiel dafür, was man für die Forschung tun kann, und bezeugt andererseits, wie sehr sich die Forschung lohnt – denn sonst würde Shell nicht so viel Geld hineinstecken.

Der Ferranti-Rechenautomat ist einer von denjenigen, die bereits kommerziell hergestellt werden. Nr. 1 befindet sich an der Universität Manchester, Nr. 2 an der Universität Toronto. Das Ministry of Supply verfügt über Nr. 3, 6, 7, die Royal Air Force über Nr. 8. Bereits erwähnt wurden Nr. 4 in Rom und Nr. 5 in Amsterdam. Nr. 9 verbleibt vorläufig bei der Herstellerfirma auf Lager und kann dort für etwa 100 000 Pfund, also rund 1,2 Millionen DM erworben werden. Der Ferranti-Rechenautomat hat eine ausgezeichnete Magnettrommel als Hauptspeicher, Williams-Kathodenstrahlröhren als Schnellspeicher und eine technisch ausgereifte lichtelektrische Lochstreifeneingabe, welche die erstaunliche Abtastgeschwindigkeit von 200 Zeilen je Sekunde aufweist. Er ist billig gegenüber dem UNIVAC der Eckert-Mauchley-Corporation in Philadelphia, der etwa 1 Million Dollar kostet und durch seine Verwendung zur Extrapolation der ersten Teilergebnisse bei der letzten amerikanischen Präsidentenwahl bekannt geworden ist.

*Professor Dr. John von Neumann*

An tatsächlich funktionierenden Maschinen, die in diese Klasse gehören, wird es in den Vereinigten Staaten heute wohl 40 bis 50 geben. Ich würde annehmen, daß vor drei Jahren die Zahl der funktionierenden Maschinen kleiner war, vielleicht vier oder fünf.

*Professor Dr. phil. Walter Weizel*

Ich würde mich für die Möglichkeit interessieren, empirisches Material in solchen Maschinen mitzuverwerten. Herr Stiefel hat schon gesagt, daß eine empirische Funktion mit eingegeben werden kann. Aber das ist nicht das eigentliche Problem der Eingabe empirischen Materials in eine solche Maschine, denn dabei ist doch bereits vorausgesetzt, daß die eingegebenen empirischen Zahlwerte richtig sind. Das ist aber nicht das Charakteristikum des empirischen Materials, sondern empirisches Material eingeben bedeutet, daß gewisse Zahlwerte oder auch gewisse Funktionen mit einem gewissen Streubereich eingegeben werden. Die Frage ist die: kann man empirische Daten mit gewissen Genauigkeitsgrenzen in die Maschine eingeben, so daß die Maschine auch Rechenschaft von der Genauigkeit gibt, die erzielt wird. Sonst ist das Eingeben empirischen Materials doch problematisch, weil das Material überbewertet wird, wenn die Maschine die eingegebenen Zahlen als völlig korrekt verwertet, während sie in Wirklichkeit gar nicht korrekt sind. Ein zweites Problem scheint mir zu entstehen, wenn sehr viele Zahlen ebenfalls mit einer gewissen Ungenauigkeit eingegeben werden. Da müßte man wohl untersuchen, wie die Maschine mit dem umfangreichen, aber doch in seiner Genauigkeit problematischen Material fertig wird. Es würde mich interessieren, ob man in dieser Hinsicht Untersuchungen angestellt hat.

*Professor Dr. John von Neumann*

Es liegen hier zwei Probleme vor: 1. wie die Maschine ein umfangreiches Material, das bei seiner Entstehung gar nicht ziffernmäßig ist, perzipiert. Die zweite Frage, die Sie besonders betonten, ist die, was die Maschine mit einem umfangreichen Material anfängt, welches an sich kritisch zu werten (d. h. bekannterweise mit Fehlern behaftet) ist.

Bezüglich des Letzteren kann man folgendes sagen: Es handelt sich bei der Ziffernmaschine um eine logische Maschine. Also kann man alles, was man mit Worten eindeutig ausdrücken kann, auch der Maschine „erklären" (d. h. in ihrem Code ausdrücken), und sie wird es dann der „Erklärung" (d. h. den Code-Anweisungen) gemäß treu durchführen. Sie haben bereits in anschaulicher Form angedeutet, welche Behandlung des Zahlenmaterials Sie im Auge haben. Sie hätten das auch in der Form einer Ausgleichsrechnung mit verschiedenen Schmiegungsverfahren und Gewichten usw. beschreiben können. Daraus hätte man einen Code machen können – und das kann die Maschine dann durchführen. Ich möchte hierzu ein Beispiel angeben, das ich gut kenne, weil meine Mitarbeiter daran gearbeitet haben, da es in einem unserer Probleme vorkam. Wir wollten meteorologische Voraussagen machen. Dies erfordert die Auflösung einer partiellen Differentialgleichung und man behandelt diese zweckmäßigerweise auf einem rechteckigen Gitter. (Dieses Gitter ist natürlich nicht auf der wirklichen gekrümmten Erdoberfläche „rechteckig", sondern auf einer geeignet gewählten ebenen Projektion – etwa der Polarprojektion.) Nun sind die Stationen, von denen die meteorologischen Berichte einlaufen, nicht gleichmäßig verteilt, ja, ihre Verteilung enthält sogar ein gewisses zeitlich veränderliches, zufallsbedingtes Element. Damit verhält es sich so. In den Vereinigten Staaten gibt es etwa 250 recht unregelmäßig verteilte Stationen, deren jede 3stündig Wetterberichte aus allen Höhenlagen (Radiosondenberichte) geben sollte, von denen aber (wegen der Sichtbarkeitsverhältnisse u. ä.) bei jeder Gelegenheit im Mittel nur etwa 170 berichten (dies ist die zeitlich veränderliche zufallsbedingte Auswahl). Ich nehme an, daß dies in Europa ähnlich ist. Somit entsteht diese Information in einer nicht unmittelbar verwendbaren Form. Dieses numerische Material muß vielmehr auf die Eckpunkte des weiter oben erwähnten standardisierten rechteckigen Gitters übertragen werden. Diese Eckpunkte bilden ein Netz von etwa $20 \times 20 = 400$ Punkten (vgl. weiter oben). Diese müssen aus etwa 170 unregelmäßig verteilten Punkt-Angaben (d. h. wirklichen Beobachtungen, vgl. weiter oben) konstruiert werden. Außerdem weiß man von vornherein, daß alle diese Angaben mit Beobachtungsfehlern behaftet sind und daß meistens etwa zwei oder drei sogar durch Druckfehler (Kommunikationsfehler) verfälscht sind. Man muß daher diese Übertragung (von den 170 Ursprungspunkten zu den 400 definitiven Gitterpunkten) durch eine zweckmäßige Kombination von Ausgleichungs- und Schmiegungs-Verfahren mit geeigneten Gewichten durchführen. (Verschiedene Stationen haben verschiedene Beobachtungsfehlerniveaus, Windbeobachtungen – die auf Grund des geostrophischen Prinzips den Druckgradienten bestimmen – sind weniger zuverlässig – mehr durch lokale Turbulenz gestört – als Druckbeobachtungen usw.). Man mag auch nachher diejenigen Beobachtungen, deren Ausgleichungsfehler eine gewisse erfahrungsbestimmte „Maximaltoleranz" überschreiten, als „druckfehlerverdächtig" ausschließen, d. h. die ganze Ausgleichungsrechnung dann ohne sie wiederholen u. ä. Wir haben derartige Verfahren auf unsere Maschine übertragen. Unser erstes Verfahren beansprucht etwa 30 Minuten Rechenzeit per Höhenlage, aber es ließe sich bestimmt noch bedeutend beschleunigen.

Übrigens werden gegenwärtig die Radiosondenbeobachtungen von Menschen abgelesen, durchtelegraphiert und bei der Rechenanlage wieder von Menschen in Lochkarten gestanzt. Auch diese Zeitverluste sind behebbar. Die elektrischen Radiosondenmeldungen sollten automatisch in einen Morse-Code übertragen werden, dieser automatisch von jeder Beobachtungsstation zur zentralen Rechenstelle durchtelgraphiert werden und dort automatisch (über den Weg von Lochkarten oder auch direkt) in die Maschine gefüttert werden.

*Professor Dr. rer. techn. Alwin Walther*

Die Schwingungen organischer Moleküle hängen zusammen mit der Fouriersynthese in der Kristallstrukturforschung. Dieses Problem ist ein wunderbares Beispiel für das Zusammenwirken von numerischen und analytischen Verfahren in der Mathematik. Bekanntlich ist bei der Fouriersynthese die Masse der Rechnungen sogar für moderne elektronische Rechenautomaten schwer zu bewältigen. Das trifft aber nur zu, wenn man rein numerisch arbeitet. In den letzten Jahren ist man in einem Triumph des Geistes über die Maschine dazu übergegangen, die Koeffizienten nur bis zu einer gewissen nicht allzu hohen Grenze unmittelbar zu berücksichtigen. Darüber hinaus schätzt man ihren Einfluß analytisch ab durch eine von Ewald wieder entdeckte Gaußsche Transformation, die bisher nur in der Zahlentheorie und Reihenlehre eine Rolle spielte. So vermindert sich die Zahlenrechnung auf ein tragbares Maß. Auf diesem Wege kann wahrscheinlich auch die Frage von Herrn Dr. Kaiser nach den Schwingungen organischer Moleküle in absehbarer Zeit behandelt werden.

Zur Frage meines Freundes Behnke nach Rechenautomatenlisten bemerke ich, daß mein Institut eine solche Liste auf Grund einer großen internationalen Umfrage nach dem Stand vom Winter 1952/53 hergestellt und vervielfältigt hat. Vom Office of Naval Research der amerikanischen Marine in Washington rührt ein für 2 Dollar käufliches Übersichtsheft „A Survey of Automatic Digital Computers“ von 1953 her. Mit 6 Seiten Einleitung, 98 Seiten für je einen Rechenautomaten und 11 Seiten Register läßt es eindrucksvoll erkennen, wie viele Rechenautomaten schon vorhanden sind und welch stürmische Entwicklung auf diesem Gebiete herrscht.

Zur Ausbildung darf ich folgendes berichten. An der Technischen Hochschule Darmstadt haben wir regelmäßige Vorlesungen über Mathematik und Technik der Rechenautomaten. So hielt mein Oberingenieur Dr.-Ing. H.-J. Dreyer im Sommersemester 1954 eine Vorlesung über Lochkartenmaschinen mit Praktikum an unserer Lochkartenanlage. Im kommenden Wintersemester 1954/55 wird er die Anwendung ziffernmäßiger elektronischer Rechenautomaten behandeln. Ich empfinde es als äußerst dringlich, daß Mathematiker und Elektrotechniker in dieses neue Gebiet eingeführt werden. Dabei sind die technischen Möglichkeiten, Vorgehensweisen und Grenzen auseinanderzusetzen. Die mathematischen Verfahren müssen den Gegebenheiten des Rechenautomaten angepaßt oder neu dafür ausgearbeitet werden. Schließlich kommt es darauf an, die Programmierung zu leisten und in den Rahmen allgemeiner mathematisch-logischer Fragen einzugliedern. Glücklicherweise wacht Deutschland im Hinblick auf die Rechenautomaten-Entwicklung neuerdings stark auf. Diese Entwicklung ist neben der Atomzertrümmerung wohl die wichtigste unserer Zeit. Materiell leitet sie für das Rechnen hinsichtlich Quantität und Schnelligkeit die Epoche des Fabrikbetriebs ein und bahnt weitere Automatisierungen an. Ideell eröffnet sie der Mathematik neue Perspektiven, realisiert in bemerkenswerter Weise logische Operationen und liefert primitive Modelle für Gehirn und Nervensystem.

Zur Frage von Herrn Weizel über die Verarbeitung empirischen Materials hebe ich hervor, daß bekanntlich die unmittelbare Eingabe empirischer, durch Kurven dargestellter Zusammenhänge ein besonderer Vorteil der stetig arbeitenden Integrieranlagen ist. Aber auch in ziffernmäßig arbeitende Rechenautomaten kann man empirische Zusammenhänge eingeben, und zwar in Tabellenform, beispielsweise durch Lochkarten. Ein noch schöneres Beispiel bietet sich bei den Schwingtischen und bei den Steuerungsgeräten für Raketen dar. An einen Schwingtisch kann unmittelbar ein Analogiegerät (Simulator) oder ein Rechenautomat angeschlossen werden, der die vom Schwingtisch gelieferten Daten übernimmt und weiterverarbeitet. Die Rechnung läuft dann unmittelbar so ab, wie die Natur selbst es verlangt, ohne daß die empirischen Befunde erst in die Zwangsjacke einer Näherungsformel hineingepreßt werden mußten. In diesem Zusammenhang verdient die Wichtigkeit der ZK-Wandler, d. h. der Geräte zur Umsetzung von Zahlen- in Kurvenform (digital to analog converters), und der umgekehrten Geräte hervorgehoben zu werden.

*Professor Dr. phil. Ernst Peschl*

Mir scheint es wichtig zu sein, das Problem der Dokumentation kurz aufzugreifen. Es ist schon schwierig, jeweils den augenblicklichen Stand der Anzahl von vorhandenen verschiedenen Typen von Rechenanlagen in den verschiedenen Ländern zu kennen. Aber noch viel schwieriger ist es, das erarbeitete Material, soweit es nicht geheim zu sein braucht, auszutauschen und an dieses heranzukommen, um Doppelarbeit zu vermeiden. Das scheint mit eine sehr wichtige Aufgabe zu sein. Denn um jede große Rechenanlage gruppiert sich doch ein größerer Rechenstab. Es ist nicht mehr so, daß alle diese Anlagen unbedingt im Bereich der Hochschulen stehen, und auch nicht mehr so, daß alle diese Veröffentlichungen im Rahmen der üblichen wissenschaftlichen Zeitschriften erscheinen. Viele wichtige Resultate werden vielleicht in irgendeinem Institut oder in der Industrie erarbeitet, die den anderen Rechenzentren entweder gar nicht oder erst nach sehr langer Zeit bekannt werden. Ich glaube, daß es eine wichtige organisatorische Aufgabe wäre, die eigentlich der Internationalen Mathematischen Union zufallen müßte, hier einen Austausch zu organisieren, und zwar scheint mir diese Aufgabe noch wichtiger zu sein als etwa die Errichtung eines internationalen Rechenzentrums.

Es gibt bei jedem Rechenzentrum 1. gewisse Aufgaben, die – vielleicht von besonderen Anlässen und Fragen des praktischen Lebens ausgehend – wichtige mathematische Probleme behandeln, ohne geheim zu sein, sodann 2. andere Aufgaben, die nicht für die Öffentlichkeit bestimmt sind, sei es, daß deren Geheimhaltung im öffentlichen Interesse des betreffenden Landes oder im privaten industriellen Interesse liegt. Bei der Bearbeitung solcher Probleme fallen aber ebenfalls oft Hilfsprobleme an, die rein mathematischer Natur sind und deren Behandlung und Lösung sehr wohl im Interesse aller Rechenzentren verdient, bekanntgemacht zu werden. Und schließlich gibt es 3. noch gewisse große „Füllaufgaben“, die immer weiterlaufen werden, die sinnvolle Ergänzungen geben als fortwährend benötigtes Hilfsmaterial für die laufenden Arbeiten. Manche dieser so erarbeiteten wertvollen mathematischen Ergebnisse, Rechenerfahrungen, Tabellen und sonstigen Materialien werden wegen des Umfangs nicht in die üblichen Zeitschriften aufgenommen werden können, sondern oft nur in kleiner Auflage und meist nur zum „Hausgebrauch“ vervielfältigt werden. Dieses umfassende wissenschaftliche Material gegenseitig auszutauschen und den Austausch zu organisieren, erscheint mir im Interesse aller Rechenzentren sehr erwünscht zu sein. Es ist im Augenblick schon sehr schwierig, eine bibliographische Übersicht über alle Schriftenreihen zu geben, die von den (öffentlichen und privaten) Rechenzentren aller Länder herausgegeben werden. Aber außerdem fällt sicherlich in der Industrie und in anderen Forschungszentren (auch solchen der Rüstungsforschung) außerhalb des

Rahmens der allgemein zugänglichen Schriften wertvolles Material an, das bei vernünftiger Abgrenzung keineswegs geheimgehalten zu werden braucht und dessen Austausch vermutlich allen beteiligten wissenschaftlichen Instituten von erheblichem Nutzen wäre.

*Professor Dr. phil. Heinrich Kaiser*

Man sollte einmal die Frage stellen, ob es wirtschaftlich sinnvoll ist, wenn an verschiedenen Stellen die ganze Entwicklung solcher Maschinen von Anfang an wiederholt wird. Was bei diesen hochgezüchteten technischen Geräten das meiste Geld kostet, ist die Überwindung der vielen technischen Kinderkrankheiten. Wenn solche Maschinen auf dem Markt zu haben sind, sollte man sie zunächst einmal kaufen. Das ist billiger: in der Großserie werden die Krankenhauskosten für die Kinderkrankheiten aufgeteilt. Man muß natürlich daran denken, daß wir die amerikanischen Geräte wegen des hohen amerikanischen Lebensstandards etwa um den Faktor 2 zu hoch bezahlen, so daß aus diesem Grunde eine europäische Entwicklung wohl sinnvoll ist. Abgesehen davon sollte man nur dann neu entwickeln, wenn man wichtige neue Ideen hat. Für bloße Autarkiebestrebungen ist die Welt zu klein geworden. Eine ähnliche Situation haben wir auf dem Gebiet der automatisch registrierenden Spektralapparate gehabt. Die deutschen Firmen haben sich entschlossen, vorerst kaum zu entwickeln, sondern die Benutzer auf die ausländischen Geräte hinzuweisen, weil bei uns die wirtschaftliche Kraft nicht ausreicht, um die enorm hohen Kosten zu tragen.

*Professor Dr. John von Neumann*

Im Zusammenhang mit der Bemerkung von Herrn Professor Peschl möchte ich noch sagen: Ich bin ganz Ihrer Ansicht, daß irgendeine internationale Organisation dies tun sollte. Irgendeine der zwei internationalen Unionen für Mathematik und für angewandte Mathematik und Mechanik könnte dies besorgen. Ich glaube, es wäre sehr erwünscht, wenn man es im Zusammenhang mit der Einrichtung des internationalen Rechenzentrums in Rom erreichen könnte, daß diese Aufgabe mit übernommen wird. Aber solange das nicht geschieht, sollte man es auf nationaler Grundlage machen, das wäre auch besser, als wenn garnichts geschieht. Wenn ich es richtig verstanden habe, wird dies in Deutschland jetzt eingeleitet. In den Vereinigten Staaten gibt es zwei Unternehmungen, die Teile hiervon besorgen, zunächst die Nachweise der amerikanischen Marine, auf die Herr Kollege Walther hingewiesen hat, die sich aber mehr auf Maschinen und Charakteristika von Maschinen beziehen, nicht auf Probleme. Es gibt auch eine ältere Zeitschrift, die aus der Vormaschinenära stammt, die aber zu diesem Zweck reorganisiert wurde, die heißt „Mathematical Tables and other Aides to Computing“ (MTAC), die sich bemüht, eine möglichst vollständige Bibliographie zu publizieren. Ich weiß nicht, ob dieselbe wirklich vollständig ist, aber sie ist jedenfalls recht nützlich.

*Professor Dr. rer. nat. Hans Petersson*

Ich würde mich für ein Problem rein mathematischer Art interessieren. Wir haben gehört, daß sich gezeigt hat, daß gewisse Näherungsverfahren, die man in der angewandten Mathematik in der Zeit vor den Maschinen angewendet hat, sich bei den neueren Maschinen nicht so sehr bewährt haben. Es ist da eine Umstellung eingetreten hinsichtlich der angewendeten Methoden. Das erste, was ich wissen möchte, ist, ob sich dabei völlig neue Methoden eingestellt haben, die auch theoretisch neu und von Interesse sind, und sodann, ob man bei diesen oder bei alten Methoden infolge von Erfahrungen nähere Aufschlüsse über die Güte der Konvergenz erhalten hat, als man sie bisher kannte.

*Professor Dr. John von Neumann*

Mit manuellen oder quasimanuellen Methoden ist Arithmetik sehr teuer und Speichern sehr billig. Mit Maschinenmethoden ist es gerade umgekehrt. Das ist eine Verschiebung der Akzente, die notwendigerweise eine Reihe von Methoden geändert hat. So wird man z. B., wenn man die Eigenwerte einer Matrix ausrechnen will und keine Maschine benutzt, kaum die Jakobische Methode (der wiederholten ebenen Drehungen) benutzen. Mit einer Maschine scheint diese aber bei weitem die beste Methode zu sein. So liegt hier eine typische radikale Änderung der Methodik vor. Ein anderes Beispiel ist dieses: Es gibt jetzt mehr und mehr statistische Methoden, die man für die Lösung von exakten Problemen benutzen kann. Ich kenne mehrere Fälle, wo man durch massenhaftes Produzieren von Beispielen auf statistische Weise sehr schwierige analytische Probleme gelöst hat. So verhält es sich z. B. bei gewissen Rechnungen über die Höhenstrahlung, wo es klar ist, daß man statistische Rechenexperimente machen muß, da es rein analytisch viel zu schwierig ist. Es gibt auch andere gleich wichtige Beispiele. Alle diese sind Methoden, die man ohne Maschinen kaum herangezogen hätte.

*Professor Dr. rer. techn. Robert Sauer*

Ich wollte kurz auf die Anregung von Herrn Kollegen Peschl zurückkommen. In Deutschland haben wir schon einen Informationsdienst im Bereich der Rechenanlagen, der gut funktioniert. Es kommt monatlich einmal am Institut für Praktische Mathematik der TH Darmstadt (Professor Walther) ein Mitteilungsblatt heraus im Auftrage der Deutschen Forschungsgemeinschaft und im Zusammenwirken mit dem VDI. Diese monatlichen Mitteilungen enthalten, glaube ich, etwa 200 bis 250 Literaturangaben. Das ist schon ein sehr nützlicher Anfang in dieser Hinsicht.

*Professor Dr. rer. techn. Alwin Walther*

Die von meinem Darmstädter Institut im Auftrag der Deutschen Forschungsgemeinschaft seit Januar 1954 herausgegebene Titelliste über Rechenanlagen wird einstweilen vervielfältigt hergestellt und ist in dieser Form beziehbar. Vielleicht wird der Verband Deutscher Elektrotechniker (VDE) sie zum Druck übernehmen und dadurch allgemein zugänglich machen. Monatlich bringt sie etwa 200 bis 250 Titel und läßt den riesig anwachsenden Umfang des Gebietes und der literarischen Produktion auf ihm erkennen.

*Professor Dr. John von Neumann*

Mein Eindruck ist, daß man besser daran sein wird, wenn man nicht allzulange auf immer weitere Verbesserungen wartet – die Technologie ist viel zu neu, „Vollkommenheit" und selbst eine einigermaßen stabile Ausbildung von Standard-Typen ist noch recht weit in der Zukunft. Wenn man auf die „Stabilisierung der Typen" warten will, so wird man noch viele Jahre lang nicht rechnen können. Bisher war es noch mit jeder neuen Maschine so, daß man, wenn sie fertig war, bereits wußte, daß man sie eigentlich anders hätte bauen sollen. Trotzdem war sie nützlich und hatte in der Regel 5 bis 6 Jahre Produktivität vor sich, d. h. sie stellte ein Wertobjekt dar, bei dem es sich ein halbes Jahrzehnt lang lohnt, es zu benutzen. Aber man muß sich damit abfinden, daß man nicht den vollkommenen Typ und nicht einmal einen stabilen Typ bekommt. Schließlich ist das garnicht so schlimm, es ist in der Technologie einmal so.

*Staatssekretär Professor Leo Brandt*

Das ist sogar bei so teuren Gegenständen wie Flugzeugen der Fall. Anläßlich eines Besuches in Farnborough konnten wir feststellen, daß die Flugzeugserien stets nur sehr klein sein können. Bei Beginn einer Produktion kann man nämlich bereits übersehen, daß bei einer neuen Serie wieder erhebliche Änderungen berücksichtigt werden müssen. Man kann aber die Produktion deswegen nicht unterbrechen.

*Professor Dr. rer. nat. Emanuel Sperner*

Die vorhin geäußerte Ansicht, daß eigene deutsche Entwicklungen auf dem Gebiete der programmgesteuerten elektronischen Rechenmaschinen unzweckmäßig seien, hält genauerer Überlegung nicht stand. Aus verschiedenen Gründen ist es notwendig, daß die deutsche Wissenschaft und Technik auch auf diesem Gebiete wieder den Anschluß findet. Die Entwicklung ist ja auch in Amerika und England noch ganz im Fluß und keineswegs abgeschlossen. Ganz von vorn anzufangen, ist garnicht nötig. Die deutschen Entwicklungen standen m. W. von Anfang an mit amerikanischen und englischen Stellen im Erfahrungsaustausch und sind dank deren Unterstützung und eigener intensiver Arbeit gut vorangekommen. Es liegen selbständig gemachte Erfahrungen vor, die durchaus brauchbar für die Weiterentwicklung sind.

*Professor Dr. math. Eduard Stiefel*

Es mag vielleicht interessant sein zu erfahren, warum wir uns zum Bau und nicht zum Ankauf einer Maschine entschlossen haben. Neben anderen Gründen sind vielleicht die beiden folgenden erwähnenswert:

1. Man kennt eine Maschine, die man später betreiben muß, am besten, wenn man sie selbst gebaut hat.
2. Die Industrie hat erklärt: Wir unterstützen wohl den Bau eines Rechenautomaten finanziell, aber nicht den Ankauf, weil wir daran interessiert sind, daß auch in der Schweiz die Technik der Speicherung von Informationen wegen ihrer Bedeutung zum Beispiel für Fernsprechzentralen entwickelt wird.

*Professor Dr. rer. nat. Emanuel Sperner*

Im Zusammenhang mit den Entwicklungen möchte ich noch ein Problem anschneiden. Soweit ich weiß, ist auf dem Prinzip des Fernsehens ein neuartiger Speicher entwickelt worden. Liegen darüber bereits Erfahrungen vor?

*Professor Dr. John von Neumann*

Der Speicher, den man beim Fernsehen hat, ist ein elektrostatischer Speicher. Mehrere Typen von elektrostatischen Speichern sind versucht und teilweise auch benutzt worden. Der Speicher von F. C. Williams ist wahrscheinlich der, der in dieser Beziehung am erfolgreichsten war. Ich weiß nicht, welches System Sie im Sinne haben? (Zuruf: Williams!) Das Williamssche System ist sehr erfolgreich gewesen, es ist, solange die Ferritspeicher nicht wirklich in Betrieb kommen, das schnellste der existierenden Speichersysteme. Es hat seine Fehler, aber man kann damit leben und viele Maschinen benutzen es heute. Eine Maschine, die wir gebaut haben, hat einen Williams-Speicher. Die Williams-Speicher kommen auch vor in den Ferranti'schen Maschinen, weiter in etwa fünf Maschinen in Amerika, in einer Serie von 18 Maschinen der International Business Machine Company, der sogenannten „701"-Serie. Die NORC-Maschine, die ich weiter oben erwähnte, hat auch einen Williams-Speicher. Wahrscheinlich gibt es noch einige weitere Maschinen, die ihn benutzen. Also: Die Williams-Speicher sind in ziemlich ausgedehntem Gebrauch. Übrigens war für mich sehr interessant, daß, wenn ich es richtig verstanden habe, die Entwicklung in Deutschland den elektrostatischen Speicher überspringen wird, d. h. vom magnetischen Trommelspeicher direkt zum Ferritspeicher gehen wird. Das beweist, daß man nicht notwendigerweise immer und überall durch dieselben Zwischenstufen gehen muß.

*Staatssekretär Professor Leo Brandt*

Würden Sie noch einige Ausführungen über die mathematische Behandlung meteorologischer Probleme machen?

*Professor Dr. John von Neumann*

In der mathematischen Behandlung der Meteorologie gibt es mindestens zwei Methoden, mit denen man das Problem angreifen kann. Die eine beruht auf sehr genauen statistischen Analysen der Vergangenheit und zielt darauf hin, die aus diesen abgeleiteten Korrelationen auf die Zukunft anzuwenden. Die einfachste Ausdrucksweise ist die, daß man sich aus den letzten 50 Jahren diejenige Wetterkarte aussucht, die der von heute am ähnlichsten ist, und dann diejenige des nächsten Tages für morgen prognostiziert. Das ist eine statistische und nicht kausal-mechanistische Untersuchung der Frage. Bei der anderen Methode geht man dynamisch vor. Die Atmosphäre ist ja schließlich und endlich eine Flüssigkeit, und man kann ausrechnen, was sie tun wird, und das in ziemlicher Unabhängigkeit davon, was man über die letzten 50 Jahre weiß. Wir haben die letztgenannte Methode ausgearbeitet. Es gibt mehrere Meteorologen, die in dieser Richtung arbeiten.

*Professor Dr. rer. techn. Alwin Walther* ergänzte die beiden Vorträge noch durch Vorführung von Modellen zu den Grundlagen des elektronischen Rechnens, wie sie in seinem Aufsatz „Probleme im Wechselspiel von Mathematik und Technik" in der Zeitschrift des Vereines Deutscher Ingenieure Bd. 96 (1954) Nr. 5, Seite 127–149 beschrieben sind.

# VERÖFFENTLICHUNGEN DER ARBEITSGEMEINSCHAFT FÜR FORSCHUNG DES LANDES NORDRHEIN-WESTFALEN

## NATURWISSENSCHAFT

*Bisher sind erschienen*

HEFT 1

*Prof. Dr.-Ing. Friedrich Seewald, Aachen*
Neue Entwicklungen auf dem Gebiet der Antriebsmaschinen

*Prof. Dr.-Ing. Friedrich A. F. Schmidt, Aachen*
Technischer Stand und Zukunftsaussichten der Verbrennungsmaschinen, insbesondere der Gasturbinen

*Dr.-Ing. Rudolf Friedrich, Mülheim (Ruhr)*
Möglichkeiten und Voraussetzungen der industriellen Verwertung der Gasturbine

*52 Seiten, 15 Abb., kartoniert, DM 4,25*

HEFT 2

*Prof. Dr.-Ing. Wolfgang Riezler, Bonn*
Probleme der Kernphysik

*Prof. Dr. Fritz Micheel, Münster*
Isotope als Forschungsmittel in der Chemie und Biochemie

*40 Seiten, 10 Abb., kartoniert, DM 3,20*

HEFT 3

*Prof. Dr. Emil Lehnartz, Münster*
Der Chemismus der Muskelmaschine

*Prof. Dr. Gunther Lehmann, Dortmund*
Physiologische Forschung als Voraussetzung der Bestgestaltung der menschlichen Arbeit

*Prof. Dr. Heinrich Kraut, Dortmund*
Ernährung und Leistungsfähigkeit

*60 Seiten, 35 Abb., kartoniert DM 5,—*

HEFT 4

*Prof. Dr. Franz Wever, Düsseldorf*
Aufgaben der Eisenforschung

*Prof. Dr.-Ing. Hermann Schenck, Aachen*
Entwicklungslinien des deutschen Eisenhüttenwesens

*Prof. Dr.-Ing. Max Haas, Aachen*
Wirtschaftliche Bedeutung der Leichtmetalle und ihre Entwicklungsmöglichkeiten

*60 Seiten, 20 Abb., kartoniert, DM 6,—*

HEFT 5

*Prof. Dr. Walter Kikuth, Düsseldorf*
Virusforschung

*Prof. Dr. Rolf Danneel, Bonn*
Fortschritte der Krebsforschung

*Prof. Dr. Dr. Werner Schulemann, Bonn*
Wirtschaftliche und organisatorische Gesichtspunkte für die Verbesserung unserer Hochschulforschung

*50 Seiten, 2 Abb., kartoniert, DM 4,—*

HEFT 6

*Prof. Dr. Walter Weizel, Bonn*
Die gegenwärtige Situation der Grundlagenforschung in der Physik

*Prof. Dr. Siegfried Strugger, Münster*
Das Duplikantenproblem in der Biologie

*Direktor Dr. Fritz Gummert, Essen*
Überlegungen zu den Faktoren Raum und Zeit im biologischen Geschehen und Möglichkeiten einer Nutzanwendung

*64 Seiten, 20 Abb., kartoniert, DM 4,—*

HEFT 7

*Prof. Dr.-Ing. August Götte, Aachen*
Steinkohle als Rohstoff und Energiequelle

*Prof. Dr. Dr. E. h. Karl Ziegler, Mülheim/Ruhr*
Über Arbeiten des Max-Planck-Institutes für Kohlenforschung

*66 Seiten, 4 Abb., kartoniert, DM 4,75*

HEFT 8

*Prof. Dr.-Ing. Wilhelm Fucks, Aachen*
Die Naturwissenschaft, die Technik und der Mensch

*Prof. Dr. Walther Hoffmann, Münster*
Wirtschaftliche und soziologische Probleme des technischen Fortschritts

*84 Seiten, 12 Abb., kartoniert, DM 6,50*

HEFT 9

*Prof. Dr.-Ing. Franz Bollenrath, Aachen*
Zur Entwicklung warmfester Werkstoffe

*Prof. Dr. Heinrich Kaiser, Dortmund*
Stand spektralanalytischer Prüfverfahren und Folgerung für deutsche Verhältnisse

*100 Seiten, 62 Abb., kartoniert, DM 7,50*

HEFT 10

*Prof. Dr. Hans Braun, Bonn*
Möglichkeiten und Grenzen der Resistenzzüchtung

*Prof. Dr.-Ing. Carl Heinrich Dencker, Bonn*
Der Weg der Landwirtschaft von der Energieautarkie zur Fremdenergie

*74 Seiten, 23 Abb., kartoniert, DM 6,80*

HEFT 11

*Prof. Dr.-Ing. Herwart Opitz, Aachen*
Entwicklungslinien der Fertigungstechnik in der Metallbearbeitung

*Prof. Dr.-Ing. Karl Krekeler, Aachen*
Stand und Aussichten der schweißtechnischen Fertigungsverfahren

*72 Seiten, 49 Abb., kartoniert, DM 6,4C*

HEFT 12

*Dr. Hermann Rathert, Wuppertal-Elberfeld*
Entwicklung auf dem Gebiet der Chemiefaser-Herstellung

*Prof. Dr. Wilhelm Weltzien, Krefeld*
Rohstoff und Veredlung in der Textilwirtschaft

*84 Seiten, 29 Abb., kartoniert, DM 7,—*

HEFT 13

*Dr.-Ing. E. h. Karl Herz, Frankfurt a. M.*
Die technischen Entwicklungstendenzen im elektrischen Nachrichtenwesen

*Staatssekretär Prof. Leo Brandt, Düsseldorf*
Navigation und Luftsicherung

*102 Seiten, 97 Abb., kartoniert, DM 9,75*

HEFT 14

*Prof. Dr. Burckhardt Helferich, Bonn*
Stand der Enzymchemie und ihre Bedeutung

*Prof. Dr. Hugo Wilhelm Knipping, Köln*
Ausschnitt aus der klinischen Carcinomforschung am Beispiel des Lungenkrebses

*72 Seiten, 12 Abb., kartoniert, DM 6,25*

HEFT 15

*Prof. Dr. Abraham Esau, Aachen*
Ortung mit elektrischen und Ultraschallwellen in Technik und Natur

*Prof. Dr.-Ing. Eugen Flegler, Aachen*
Die ferromagnetischen Werkstoffe der Elektrotechnik und ihre neueste Entwicklung

*84 Seiten, 25 Abb., kartoniert, DM 6,25*

HEFT 16

*Prof. Dr. Rudolf Seyffert, Köln*
Die Problematik der Distribution

*Prof. Dr. Theodor Beste, Köln*
Der Leistungslohn

*70 Seiten, 1 Abb., kartoniert, DM 4,50*

HEFT 17

*Prof. Dr.-Ing. Friedrich Seewald, Aachen*
Luftfahrtforschung in Deutschland und ihre Bedeutung für die allgemeine Technik

*Prof. Dr.-Ing. Edouard Houdremont, Essen*
Art und Organisation der Forschung in einem Industrieforschungsinstitut der Eisenindustrie

*90 Seiten, 4 Abb., kartoniert, DM 5,50*

HEFT 18

*Prof. Dr. Dr. Werner Schulemann, Bonn*
Theorie und Praxis pharmakologischer Forschung

*Prof. Dr. Wilhelm Groth, Bonn*
Technische Verfahren zur Isotopentrennung

*72 Seiten, 17 Abb., kartoniert, DM 5,—*

HEFT 19

*Dipl.-Ing. Kurt Traenckner, Essen*
Entwicklungstendenzen der Gaserzeugung

*26 Seiten, 12 Abb., kartoniert, DM 2,50*

HEFT 20

*M. Zvegintzow, London*
Wissenschaftliche Forschung und die Auswertung ihrer Ergebnisse
Ziel und Tätigkeit der National Research Development Corporation

*Dr. Alexander King, London*
Wissenschaft und internationale Beziehungen

*88 Seiten, kartoniert, DM 4,60*

HEFT 21

*Prof. Dr. Robert Schwarz, Aachen*
Wesen und Bedeutung der Silicium-Chemie

*Prof. Dr. Dr. h. c. Kurt Alder, Köln*
Fortschritte in der Synthese von Kohlenstoffverbindungen

*76 Seiten, 49 Abb., kartoniert, DM 5,20*

HEFT 21 a

*Prof. Dr. Dr. h. c. Otto Hahn, Göttingen*
Die Bedeutung der Grundlagenforschung für die Wirtschaft

*Prof. Dr. Siegfried Strugger, Münster*
Die Erforschung des Wasser- und Nährsalztransportes im Pflanzenkörper mit Hilfe der fluoreszenzmikroskopischen Kinematographie

*74 Seiten, 26 Abb., kartoniert, DM 5,80*

HEFT 22

*Prof. Dr. Johannes von Allesch, Göttingen*
Die Bedeutung der Psychologie im öffentlichen Leben

*Prof. Dr. Otto Graf, Dortmund*
Triebfedern menschlicher Leistung

*80 Seiten, 19 Abb., kartoniert, DM 4,80*

HEFT 23

*Prof. Dr. Dr. h. c. Bruno Kuske, Köln*
Zur Problematik der wirtschaftswissenschaftlichen Raumforschung

*Prof. Dr. Dr.-Ing. E. h. Stephan Prager, Düsseldorf*
Städtebau und Landesplanung

*84 Seiten, kartoniert, DM 4,—*

HEFT 24

*Prof. Dr. Rolf Danneel, Bonn*
Über die Wirkungsweise der Erbfaktoren

*Prof. Dr. Kurt Herzog, Krefeld*
Bewegungsbedarf der menschlichen Gliedmaßengelenke bei der Berufsarbeit

*76 Seiten, 18 Abb., kartoniert, DM 4,80*

HEFT 25

*Prof. Dr. Otto Haxel, Heidelberg*
Energiegewinnung aus Kernprozessen

*Dr.-Ing. Dr. Max Wolf, Düsseldorf*
Gegenwartsprobleme der energiewirtschaftlichen Forschung

*98 Seiten, 27 Abb., kartoniert, DM 6,25*

HEFT 26

*Prof. Dr. Friedrich Becker, Bonn*
Ultrakurzwellenstrahlung aus dem Weltraum

*Dr. Hans Straßl, Bonn*
Bemerkenswerte Doppelsterne und das Problem der Sternentwicklung

*70 Seiten, 8 Abb., kartoniert, DM 4,—*

HEFT 29

*Prof. Dr. Bernhard Rensch, Münster*
Das Problem der Residuen bei Lernleistungen

*Prof. Dr. Hermann Fink, Köln*
Über Leberschäden bei der Bestimmung des biologischen Wertes verschiedener Eiweiße von Mikroorganismen

*96 Seiten, 23 Abb., kartoniert, DM 6,—*

HEFT 31

*Prof. Dr.-Ing. Dr. h. c. Fritz Mietzsch, Wuppertal*
Chemie und wirtschaftliche Bedeutung der Sulfonamide

*Prof. Dr. Dr. h. c. Gerhard Domagk, Wuppertal*
Die experimentellen Grundlagen der bakteriellen Infektionen

*82 Seiten, 2 Abb., kartoniert, DM 5,25*

HEFT 32

*Prof. Dr. Hans Braun, Bonn*
Die Verschleppung von Pflanzenkrankheiten und -schädlingen über die Welt

*Prof. Dr. Wilhelm Rudorf, Voldagsen*
Der Beitrag von Genetik und Züchtung zur Bekämpfung von Viruskrankheiten der Nutzpflanzen

*88 Seiten, 36 Abb., kartoniert, DM 6,75*

HEFT 33

*Prof. Dr.-Ing. Volker Aschoff, Aachen*
Probleme der elektroakustischen Einkanalübertragung

*Prof. Dr.-Ing. Herbert Döring, Aachen*
Erzeugung und Verstärkung von Mikrowellen

*74 Seiten, 23 Abb., kartoniert, DM 4,50*

HEFT 34

*Geheimrat Prof. Dr. Dr. Rudolf Schenck, Aachen*
Bedingungen und Gang der Kohlenhydratsynthese im Licht

*Prof. Dr. Emil Lehnartz, Münster*
Die Endstufen des Stoffabbaues im Organismus

*80 Seiten, 11 Abb., kartoniert, DM 5,50*

HEFT 35

*Prof. Dr.-Ing. Hermann Schenck, Aachen*
Gegenwartsprobleme der Eisenindustrie in Deutschland

*Prof. Dr.-Ing. Eugen Piwowarsky †, Aachen*
Gelöste und ungelöste Probleme im Gießereiwesen

*110 Seiten, 67 Abb., kartoniert, DM 9,—*

HEFT 36

*Prof. Dr. Wolfgang Riezler, Bonn*
Teilchenbeschleuniger

*Prof. Dr. Gerhard Schubert, Hamburg*
Anwendung neuer Strahlenquellen in der Krebstherapie

*104 Seiten, 43 Abb., kartoniert, DM 8,20*

HEFT 38

*Dr. E. Colin Cherry, London*
Kybernetik

*Prof. Dr. Erich Pietsch, Clausthal-Zellerfeld*
Dokumentation und mechanisches Gedächtnis — zur Frage der Ökonomie der geistigen Arbeit

*108 Seiten, 31 Abb., kartoniert, DM 7,20*

HEFT 40

*Bergassessor Fritz Lange, Bochum-Hordel*
Die wirtschaftliche und soziale Bedeutung der Silikose im Bergbau

*Prof. Dr. Walter Kikuth, Düsseldorf*
Die Entstehung der Silikose und ihre Verhütungsmaßnahmen

*120 Seiten, 40 Abb., kartoniert, DM 9,50*

HEFT 40 a

*Prof. Dr. Eberhard Gross, Bonn*
Berufskrebs und Krebsforschung

*Prof. Dr. Hugo Wilhelm Knipping, Köln*
Die Situation der Krebsforschung vom Standpunkt der Klinik *88 Seiten, 31 Abb., kartoniert*

HEFT 42a

*Prof. Dr. Dr. h. c. Gerhard Domagk, Wuppertal*
Fortschritte auf dem Gebiet der experimentellen Krebsforschung *46 Seiten, kartoniert, DM 2,60*

HEFT 43

*Prof. Giovanni Lampariello, Rom*
Über Leben und Werk von Heinrich Hertz

*Prof. Dr. Walter Weizel, Bonn*
Über das Problem der Kausalität in der Physik
*76 Seiten, kartoniert, DM 4,40*

## *In Vorbereitung sind:*

HEFT 27

*Prof. Dr. Heinrich Behnke, Münster*
Der Strukturwandel der Mathematik in der ersten Hälfte des 20. Jahrhunderts

*Prof Dr. Emanuel Sperner, Hamburg*
Eine mathematische Analyse der Luftdruckverteilungen in großen Gebieten

HEFT 28

*Prof. Dr. Oskar Niemczyk, Aachen*
Die Problematik gebirgsmechanischer Vorgänge im Steinkohlenbergbau

*Prof. Dr. Wilhelm Ahrens, Krefeld*
Die Bedeutung geologischer Forschung für die Wirtschaft besonders in Nordrhein-Westfalen

HEFT 30

*Prof. Dr.-Ing. Friedrich Seewald, Aachen*
Forschungen auf dem Gebiete der Aerodynamik

*Prof. Dr.-Ing. Karl Leist, Aachen*
Forschungen in der Gasturbinentechnik

HEFT 37

*Prof. Dr. Franz Lotze, Münster*
Probleme der Gebirgsbildung

*Bergwerksdirektor Bergassessor a. D. Rauschenbach, Essen*
Die Erhaltung der Förderungskapazität des Ruhrbergbaues auf lange Sicht

HEFT 39

*Dr. Heinz Haase, Hamburg*
Infrarot und seine technischen Anwendungen

*Prof. Dr. Abraham Esau, Aachen*
Die Bedeutung des Ultraschalls für technische Anwendungsgebiete

HEFT 41

*Dr.-Ing. G. V. Lachmann, Teddington*
An einer neuen Entwicklungsschwelle im Flugzeugbau

*Dr. A. Gerber, Zürich*
Stand der Entwicklung der Raketen- und Lenktechnik

HEFT 42

*Prof. Dr. Theodor Kraus, Köln*
Lokalisationsphänomene und Raumordnung vom Standpunkt der geographischen Wissenschaft

*Direktor Dr. Fritz Gummert, Essen*
Vom Ernährungsversuchsfeld der Kohlenstoffbiologischen Forschungsstation Essen (Ein 6 Jahre lang durchgeführter Versuch, einen Menschen aus dem Ertrag von 1250 qm zu ernähren.)

HEFT 43a

*Prof. Dr. José Mª Albareda, Madrid*
Die Entwicklung der Forschung in Spanien

HEFT 44

*Prof. Dr. Burckhardt Helferich, Bonn*
Über Glykoside

*Prof. Dr. Fritz Micheel, Münster*
Kohlenhydrat-Eiweiß-Verbindungen und ihre biochemische Bedeutung

HEFT 46

*Prof. Dr. Wilhelm Weltzien, Krefeld*
Ausblick auf die Entwicklung synthetischer Fasern

*Prof. Dr. Walther Hoffmann, Münster*
Wachstumsformen der Industriewirtschaft

HEFT 47

*Staatssekretär Prof. Leo Brandt, Düsseldorf*
Die praktische Förderung der Forschung in Nordrhein-Westfalen

*Prof. Dr. Ludwig Raiser, Bad Godesberg*
Die Förderung der angewandten Forschung durch die Deutsche Forschungsgemeinschaft

HEFT 48

*Dr. Hermann Tromp, Rom*
Bestandsaufnahme der Wälder der Welt als internationale und wissenschaftliche Aufgabe

*Prof. Dr. Franz Heske, Schloß Reinbek*
Die Wohlfahrtswirkungen des Waldes als internationales Problem

HEFT 49

*Präsident Dr. G. Böhnecke, Hamburg*
Zeitfragen der Ozeanographie

*Reg.-Direktor Dr. H. Gabler, Hamburg*
Nautische Technik und Schiffssicherheit

HEFT 50

*Prof. Dr.-Ing. F. A. F. Schmidt, Aachen*
Probleme der Selbstzündung und Verbrennung bei der Entwicklung der Hochleistungskraftmaschinen

*Prof. Dr. Ing. A. W. Quick, Aachen*
Ein Verfahren zur Untersuchung des Austauschvorganges in verwirbelten Strömungen hinter Körpern mit abgelöster Strömung

HEFT 51

*Prof. Dr. Siegfried Strugger, Münster*
Struktur, Entwicklungsgeschichte und Physiologie der Chloroplasten

*Direktor Dr. J. Pätzold, Erlangen*
Therapeutische Anwendung mechanischer und elektrischer Energie

HEFT 52

*Mr. Patmore, London*
Lufttüchtigkeit und technische Prüfung der Flugzeuge in England

*Prof. A. D. Young, Cranfield*
Die Ausbildung des Ingenieurnachwuchses auf dem Luftfahrtgebiet in England

# GEISTESWISSENSCHAFTEN

*Bisher sind erschienen:*

HEFT 1
*Prof. Dr. Werner Richter, Bonn*
Die Bedeutung der Geisteswissenschaften für die Bildung unserer Zeit
*Prof. Dr. Joachim Ritter, Münster*
Die aristotelische Lehre vom Ursprung und Sinn der Theorie *64 Seiten, kartoniert, DM3,50*

HEFT 2
*Prof. Dr. Josef Kroll, Köln*
Elysium
*Prof. Dr. Günther Jachmann, Köln*
Die vierte Ekloge Vergils
*72 Seiten, kartoniert, DM 3,75*

HEFT 3
*Prof. Dr. Hans Erich Stier, Münster*
Die klassische Demokratie
*100 Seiten, kartoniert, DM 6,—*

HEFT 4
*Prof. Dr. Werner Caskel, Köln*
Lihyan und Lihyanisch. Sprache und Kultur eines früharabischen Königreiches
*168 Seiten, 2 Abb., 2 Schriftentafeln 2 Karten, DM 11,—*

HEFT 5
*Prof. Dr. Thomas Ohm, Münster*
Stammesreligionen im südlichen Tanganyika-Territorium
*80 Seiten, 25 zum Teil mehrfarbige Abb., kartoniert, DM 11,50*

HEFT 6
*Prälat Prof. Dr. Dr. h. c. Georg Schreiber, Münster*
Deutsche Wissenschaftspolitik von Bismarck bis zum Atomwissenschaftler Otto Hahn
*102 Seiten, 7 Bilder, kartoniert, DM 6,25*

HEFT 7
*Prof. Dr. Walter Holtzmann, Bonn*
Das mittelalterliche Imperium und die werdenden Nationen *28 Seiten, kartoniert, DM 2,50*

HEFT 8
*Prof. Dr. Werner Caskel, Köln*
Die Bedeutung der Beduinen in der Geschichte der Araber *44 Seiten, kartoniert, DM 2,75*

HEFT 10
*Prof. Dr. Peter Rassow*
Forschungen zur Reichsidee im 16. und 17. Jahrhundert *32 Seiten, kartoniert, DM 1,90*

HEFT 12
*Prof. D. Karl Heinrich Rengstorf, Münster*
Mann und Frau im Urchristentum
*Prof. Dr. Hermann Conrad, Bonn*
Grundprobleme einer Reform des Familienrechts
*106 Seiten, kartoniert, DM 6,—*

HEFT 13
*Prof. Dr. Max Braubach, Bonn*
Der Weg zum 20. Juli 1944 — Ein Forschungsbericht *48 Seiten, kartoniert, DM 3,25*

HEFT 15
*Prof. Dr. Franz Steinbach, Bonn*
Der geschichtliche Weg des wirtschaftenden Menschen in die soziale Freiheit und politische Verantwortung *76 Seiten, kartoniert, DM 3,80*

HEFT 17
*Prof. Dr. James Conant, US-Hochkommissar für Deutschland*
Staatsbürger und Wissenschaftler
*Prof. D. Karl Heinrich Rengstorf, Münster*
Antike und Christentum
*48 Seiten, 2 Abb., kartoniert, DM 3,50*

HEFT 19
*Prof. Dr. Fritz Schalk, Köln*
Das Lächerliche in der französischen Literatur des Ancien Régime
*42 Seiten, kartoniert, DM 2,25*

HEFT 20
*Prof. Dr. Ludwig Raiser, Bad Godesberg*
Rechtsfragen der Mitbestimmung
*48 Seiten, kartoniert, DM 2,50*

HEFT 21
*Prof. D. Martin Noth, Bonn*
Das Geschichtsverständnis der alttestamentlichen Apokalyptik *36 Seiten, kartoniert, DM 2,20*

HEFT 22
*Prof. Dr. Walter F. Schirmer, Bonn*
Glück und Ende der Könige in Shakespeares Historien *32 Seiten, kartoniert, DM 1,60*

HEFT 25
*Prof. Dr. Hans Peters, Köln*
Die Gewaltentrennung in moderner Sicht
*48 Seiten, kartoniert*

HEFT 28
*Prof Dr. Thomas Ohm, Münster*
Die Religionen in Asien
*50 Seiten, 4 mehrfarbige Klapptafeln, kartoniert, DM 7,—*

HEFT 29
*Prof. Dr. Leo Weisgerber, Bonn*
Die Ordnung der Sprache im persönlichen und öffentlichen Leben *64 Seiten, kartoniert, DM 3,50*

HEFT 30
*Prof. Dr. Werner Caskel, Köln*
Entdeckungen in Arabien
*44 Seiten, kartoniert, DM 3,20*

HEFT 34
*Prof. Dr. Thomas Ohm, Münster*
Ruhe und Frömmigkeit
*128 Seiten, 29 Abb., 1 mehrfarbige Klapptafel, kartoniert, DM 10,70*

HEFT 36

*Prof. Dr. Hans Sckommodau, Köln*
Die religiösen Dichtungen Margaretes von Navarra
*172 Seiten, kartoniert, DM 9,60*

HEFT 38

*Prof. Dr. Dr. Joseph Höffner, Münster*
Statik und Dynamik in der scholastischen Wirtschaftsethik *48 Seiten, kartoniert, DM 2,85*

HEFT 41

*Prof. Dr. Johann Leo Weisgerber, Bonn*
Die Grenzen der Schrift – Der Kern der Rechtschreibreform *72 Seiten, kartoniert*

## *In Vorbereitung sind:*

HEFT 9

*Prälat Prof. Dr. Dr. h. c. Georg Schreiber, Münster*
Iroschottische Motive im abendländischen Sakralraum

HEFT 11

*Prof. Dr. Hans Erich Stier, Münster*
Roms Aufstieg zur Weltherrschaft

HEFT 14

*Prof. Dr. Paul Hübinger, Münster*
Das deutsch-französische Verhältnis und seine mittelalterlichen Grundlagen

HEFT 16

*Prof. Dr. Josef Koch, Köln*
Die Ars coniecturalis des Nikolaus von Cues

HEFT 18

*Prof. Dr. Richard Alewyn, Köln*
Klopstocks Publikum

HEFT 23

*Prof. Dr. Günther Jachmann, Köln*
Der homerische Schiffskatalog und die Ilias

HEFT 24

*Prof. Dr. Theodor Klauser, Bonn*
Die römischen Petrustraditionen im Lichte der neuen Ausgrabungen unter der Peterskirche

HEFT 26

*Prof. Dr. Fritz Schalk, Köln*
Calderon und die Mythologie

HEFT 27

*Prof. Dr. Josef Kroll, Köln*
Vom Leben geflügelter Worte

HEFT 31

*Prof. Dr. Max Braubach, Bonn*
Entstehung und Entwicklung der landesgeschichtlichen Bestrebungen und historischen Vereine im Rheinland

HEFT 32

*Prof. Dr. Fritz Schalk, Köln*
Somnium und verwandte Wörter in den romanischen Sprachen

HEFT 33

*Prof. Dr. Friedrich Dessauer, Frankfurt a. M.*
Erbe und Zukunft des Abendlandes

HEFT 35

*Prof. Dr. Hermann Conrad, Bonn*
Die mittelalterliche Besiedlung des deutschen Ostens und das deutsche Recht

HEFT 37

*Prof. Dr. Herbert von Einem, Bonn*
Der Kopf mit der Binde des Meisters von Naumburg

HEFT 39

*Prof. Dr. Fritz Schalk, Köln*
Diderots Essai über Claudius und Nero

HEFT 40

*Prof. Dr. Gerhard Kegel, Köln*
Probleme des internationalen Enteignungs- und Währungsrechts

HEFT 42

*Prof. Dr. Richard Alewyn, Köln*
Von der Empfindsamkeit zur Romantik

HEFT 43

*Prof. Dr. Theodor Schieder, Köln*
Die Probleme des Rapallo-Vertrages 1922

HEFT 44

*Prof. Dr. Andreas Rumpf, Köln*
Stilphasen der spätantiken Kunst

GPSR Compliance

*The European Union's (EU) General Product Safety Regulation (GPSR) is a set of rules that requires consumer products to be safe and our obligations to ensure this.*

*If you have any concerns about our products, you can contact us on ProductSafety@springernature.com*

In case Publisher is established outside the EU, the EU authorized representative is:

Springer Nature Customer Service Center GmbH
Europaplatz 3
69115 Heidelberg, Germany

**Batch number: 10584556**

Printed by Printforce, the Netherlands